"十三五"国家重点出版物出版规划项目

当代科学技术基础理论与前沿问题研究丛书

国家自然科学基金项目研究成果

机器嗅觉

骆德汉 等 著

Machine Olfaction

中国科学技术大学出版社

内 容 简 介

本书内容主要源于作者近年的研究课题,阐述了机器嗅觉的概念、基本内容和机器嗅觉技术未来的发展,重点探讨类似音频、视频的"嗅频"理论与技术,探讨基于"嗅频"概念的气味信息通用性表征模式和网络化传输及终端复现方法,介绍基于"基气味"概念的气味终端复现技术与雏形装置。本书内容不仅具有重要的理论价值,而且在科学研究、军事国防、日常生活等领域具有广阔的应用前景。

本书适合仿生嗅觉、人工智能、生物医学工程、生物化学传感器、信息科学等学科的科研工作者阅读,也可供对仿生信息学和智能仪器系统等交叉学科感兴趣的高等院校师生参考。

图书在版编目(CIP)数据

机器嗅觉/骆德汉等著. —合肥:中国科学技术大学出版社,2021.5
(当代科学技术基础理论与前沿问题研究丛书)
"十三五"国家重点出版物出版规划项目
ISBN 978-7-312-04848-7

Ⅰ.机… Ⅱ.骆… Ⅲ.人工智能 Ⅳ.TP18

中国版本图书馆 CIP 数据核字(2021)第 032625 号

机器嗅觉
JIQI XIUJUE

出版	中国科学技术大学出版社
	安徽省合肥市金寨路 96 号,230026
	http://press.ustc.edu.cn
	https://zgkxjsdxcbs.tmall.com
印刷	合肥市宏基印刷有限公司
发行	中国科学技术大学出版社
经销	全国新华书店
开本	710 mm×1000 mm　1/16
印张	12.5
字数	224 千
版次	2021 年 5 月第 1 版
印次	2021 年 5 月第 1 次印刷
定价	42.00 元

前　　言

　　机器嗅觉是一种基于生物嗅觉工作原理而设计的新颖仿生技术，是人工智能的重要研究内容之一。机器嗅觉系统是集气味采集、气味识别、气味信息传输和气味复现等多项功能于一体的人工智能仿生系统。它通常由交叉敏感的传感器阵列、气味信息处理模块、气味信息传输网络和气味复现装置等组成，可用于实现对单一或混合气味的检测、分析鉴别、网络传输和远程复现。随着信息科学、生物医学工程和传感器技术等的快速发展，机器嗅觉系统已逐渐被应用到感官评价和生产加工控制中，利用机器嗅觉系统可以较为准确地对物质气味进行感官分析和成分分析，有利于提高气体气味的识别精度和远程复现精度。目前，机器嗅觉系统的气味检测模块和气味识别技术凭借其快捷、简便和经济等优点，在医疗、食品加工和环境检测等领域已经得到了一定范围的应用。

　　本书主要从传感器阵列、气味数据采集识别、气味信息网络传输和气味终端复现等方面展开阐述，结合作者近年来的一系列研究工作，详细介绍了机器嗅觉技术原理、气味信息获取过程及数据预处理方法，探讨了类似音频和视频的气味"嗅频"的概念、理论与技术，阐述了基于"嗅频"的气味信息通用性表征模式和网络化传输及终端复现方法，重点介绍气味"嗅频"、气味信息网络化传输、"基气味"及气味终端复现方法等。本书所阐述内容不仅具有重要的理论价值，而且在科学研究、军事国防、日常生活等领域具有广阔的应用前景。

　　本书主要章节的内容涉及作者和项目组多位同仁的工作，多数内容已在国内外相关的主流刊物上发表。书中涉及的前期研究成果多取材于国家自然科学基金委信息科学部支持的相关课题"基于仿生嗅觉的物质气味嗅频提取及复现方法研究""基于仿生嗅觉的辛味中药材气味指纹图谱研究"以及广东省自然科学基金重点项目"基于机器嗅觉、味觉辛味中药材气-味融合品鉴图谱研究""基于机器嗅觉/味觉的中药五味理论(辛味)研究"等项目,部分内容来自本团队的公开发明专利和国际专利等成果。全书内容新颖、翔实,原创性强,处于国际研究前沿水平。

本书由工作团队成员在多年研究积累的基础上共同完成。参与内容撰写的有何家峰副教授和程昱讲师,本人所指导的博士研究生孙运龙、周华英、温腾腾、李会、陈荣荣等为本书的内容提供了相关数据和成果,作者所指导的硕士研究生彭珂、夏必亮、赵鹏、刁家伟、徐勋庭、吴丹莉、郭娟、钟平忠、纪永杰、詹灿坚等为本书提供了外部素材并参与了本书的统稿工作。

同济大学刘钊教授、浙江大学黄海教授、华南理工大学李迪教授分别审阅了本书,并提出了宝贵的意见和建议,在此表示衷心感谢。

由于作者的知识和经验有限,加之我们研究的部分课题仍处于探索之中,对书中的某些内容难以准确把握,其中一些观点和技术可能并不完全正确或成熟,恳请专家和广大读者批评指正。希望本书的出版能够为机器嗅觉技术的发展起到抛砖引玉的作用,并能向对该技术感兴趣的读者提供帮助。

骆德汉

目　　录

第1章 概　　述

在很早的文字中，人类就有利用气味的相关记载，古埃及法老们对香气的追求，传统中医学通过嗅辨来评价药材的品质，化工行业不断创造新的香料和香精，人类对于气味的研究从未中断过。在这个信息高速发展的时代，信息技术日新月异，人们的生活、工作和学习方式都发生了巨大的变化。随着信息科学技术及产业的迅猛发展，信息技术成果正加速影响人们的工作、学习、生活方式，也重塑了我们的世界观。嗅觉作为人类的第三大感官系统，其数字化技术的发展落后于视觉、听觉技术。原因有两个方面：一是信息科学及产业对于气味的研究长期缺乏足够的重视，二是生理学上对嗅觉系统的嗅觉感知机理仍需更深入的探索。2004 年，Linda B. Buck 和 Richard Axel 因在嗅觉方面的卓越研究而共同获得诺贝尔生理学或医学奖，随后人们开始关注嗅觉技术的发展。

本章首先介绍机器嗅觉的发展历程，然后阐述机器嗅觉的定义及技术，最后展望机器嗅觉技术的应用前景。

1.1　机器嗅觉发展历程

人类对气味问题的思索可以追溯到公元前 4 世纪的古希腊时代。亚里士多德认为，气味是有气味的物质发出的辐射，从而被人类感知。比亚里士多德稍晚些的另一位希腊学者伊壁鸠鲁，在德谟克利特的原子论的基础上解释了嗅觉：不同形状的原子让鼻子感觉到不同的味道。

自然界的所有生物都具有对周围环境的化学刺激气味进行感知并做出适当反应的能力。但任何生物的嗅觉都有一定的感知范围，生物嗅觉的感知范围仅仅与它的生存需要有关，于生存有益的为正相关，于生存有害的为负相关，与生存无关的气味是它的盲区。也有特殊情况,如氧气、水蒸气、二氧化碳等与生存相关,而人们对它们没有感觉,这是因为它们一直存在于空气中,人们不需要刻意寻求或防范它们,所以人的嗅觉中枢删除了它们的气味信号。

随着社会的发展与科学技术的进步,人类对生物器官机理的研究已经日趋成熟。对诸如视觉、听觉、味觉、触觉和嗅觉等生物感官功能的模仿已经被各国科学家广泛研究。人类对嗅觉的研究从最早的化学分析方法发展到仪器分析方法,经历了近百年的发展,仿生嗅觉技术的物质识别能力越来越强,识别率也逐步提高。

20 世纪中叶,各种化学传感器的基本理论和实际应用研究均取得了长足的进展。

1964 年,Wilkens 和 Hatman 利用气体在电极上的氧化-还原反应对嗅觉过程进行了电子模拟,这是关于仿生嗅觉系统(也称电子鼻)的最早报道[1],同时也是机器嗅觉系统的起源。

1965 年,Buck 等利用金属和半导体电导的变化对气体进行了测量,Dravieks 等则利用接触电势的变化实现了气体的测量。

然而,用于气体分类的智能化传感器阵列的概念,直到 1982 年才由英国 Warwick 大学的 Persuad 等人提出[2],他们的机器嗅觉系统包括气敏传感器阵列和模式识别系统两部分,其中传感器阵列部分由三个半导体气敏传感器组成,其工作过程可简单描述为:气味分子被机器嗅觉系统中的传感器阵列吸附,产生信号;这些信号经各种方法处理、加工与传输,送至模式识别系统做出分类判断。这一简单的系统可以分辨桉树脑、玫瑰油、丁香油等挥发性化学物质的气味。[3]此后的 5 年,机器嗅觉系统研究并没有引起国际学术界的广泛重视。

1987 年,在英国 Warwick 大学召开的第八届欧洲化学传感研究组织年会成为机器嗅觉系统研究的转机。[4]在该次会议上,以 Gardner 为首的 Warwick 大学气敏传感研究小组发表了传感器在气体测量方面应用的论文,重点提出了模式识别的概念,引起了学术界的广泛兴趣。

1989 年,北大西洋公约研究组织专门召开了化学传感器信息处理高级专题讨论会,致力于人工嗅觉及其系统设计这两个专题。[5]1991 年 8 月,北大西洋公约研究组织在冰岛召开了第一次机器嗅觉系统专题会议,机器嗅觉系统研究从此得到快速发展。

1994 年,Gardner 发表了关于电子鼻的综述性文章[4],正式提出了"电子鼻"的定义:"电子鼻是一种由具有部分选择性的化学传感器阵列和适当的智能识别系统组成,能识别单一或复杂气味的装置",其基本结构组成如图 1.1 所示。这一定义的提出标志着电子鼻技术开始进入发展、成熟阶段。

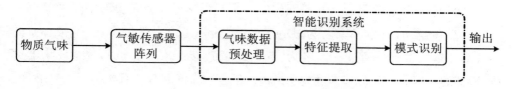

图 1.1　电子鼻系统结构图

1994 年以来,随着材料科学和制造工艺的发展,仿生嗅觉系统技术逐步得到发展、完善,并且涉及的应用越来越广泛。例如,在农产品加工与肉制品检测方面,仿生嗅觉系统可用来识别气味,鉴别产品真伪,控制从原料到产品的整个生产过程的工艺,以及鉴定产品的保质期、贮藏时间等。机器嗅觉系统不仅可以对不同样品的气味信息进行简单的比对分析,还可以通过采集标样信息建立数据库,利用化学计量学的统计分析方法对未知样品进行定性和定量分析,具有快速、便捷的特点。目前,技术较成熟的仿生嗅觉系统有德国 Airsense Analytics 公司、法国 Alpha MOS 公司、美国 Cyrano Sciences 公司等的产品。

从 20 世纪 90 年代起,日本的一些科研团队将目光投到了气味再现技术的研究上。在 2006 年日本的先进技术联合展上,Nakamoto 团队展示了一款多通道加热式的气味播放器。[6] Ami Kadowaki 等人研制出一种脉冲式的气味播放器,该装置能够快速地将气味释放出来。[7] Haruka Matsukura 等人研制了一种气味显示器,用户在观看图像显示器的同时,还能闻到与图片事物相关的气味。[8] 近十年来,气味再现技术逐步应用到虚拟现实、游戏等多媒体技术上。[9,10]

另一方面,不同学者对于气味复现的实现手段也提出了不同的看法。以色列 David Harel 教授提出一种气味系统[11],认为系统应包含两个部分:"嗅探器" (sniffer)和"拟嗅器"(whiffer)。Nakamoto 则提出了一套气味复现系统,该系统包含一个气味记录仪(recorder)和一个气味混合器(blender)。气味记录仪包含了两组相同的气体传感器阵列,分别用于目标气味的识别和气味配方的确定。

近年来,随着人工智能技术、传感器技术、计算机技术等的发展,尤其是在"互联网 + 大数据"热潮的推动下,实现气味数字化、气味网络传输并在远程终端复现气味已成为可能。因此,现阶段发展中的机器嗅觉可以扩展为:基于模拟生物嗅觉功能,对单一气体或混合气体进行感知、分析、识别,这种被感知到的气味信息可以通过网络传输,在远程终端实现气味复现。不久的将来,机器嗅觉技术将在游戏、医疗、教育、影视、电子商务、虚拟现实产业开启数字嗅觉市场,同时应用到传统广告、食品工业、传媒、图书出版、家电和建筑等各个行业。

事实上,将气味信息带入互联网体验一直是科学界和营销界努力试图达到的境界。21世纪初,日本一家名为"DigiScents"的公司曾宣称将实现"携带香氛的E-mail传输",该服务通过一款名为"iSmell"的连接个人计算机的味觉发生器完成,遗憾的是这一产品后来未能成功面市。但该次流产并未让日本同行心灰意冷:不久后的2005年,NTT通信公司推出"Aromageurs气味发生器"(它实际上是一个与计算机连接的香氛发生器),供影院或者家庭安装——它能够根据影视与广播节目播出时特定的情境而释放不同的气味。

1.2　机器嗅觉基本内容

1.2.1　机器嗅觉与仿生嗅觉

机器嗅觉(machine olfaction)是气味的人工智能技术,包括机器模仿生物嗅觉功能获取自然界气体(包括气味)信息并感知、气味的通用性表征、气体信息的有效存储和传输以及在终端机器上实现气味的再现。

图1.2给出了机器嗅觉系统的三大组成部分,即采集识别、气味传输和气味复现。采集识别,即"仿生嗅觉",是机器采集气体(味)并进行智能识别的技术,其核心的采集模块是阵列式气敏传感器,将气体(味)的理化特性转换为电响应信号,然后根据气体(味)的特征指纹图谱,进行有效识别。如同图像和声音拥有一套标准的通用表征方法一样,气味信息在传输或存储过程中,也应具备一种通用的表征规则。类比"视频"与"音频"的概念,作者及其研究团队提出了气味的"嗅频"概念,意图统一采集端中气味信息数据的不同格式,实现统一的、通用的表征方法。在气味

图 1.2　机器嗅觉系统结构图

复现端,则可以根据通用的表征方法,即"嗅频"信息,由机器动态地将气味原料按不同比例进行混合并释放,实现气味的再现。图 1.2 中的箭头指明了气味从采集到复现的信息流向。

机器嗅觉技术具有人类的嗅觉功能,并在时空上扩展了人类的嗅觉感知范围,其优势主要体现在如下几个方面:

(1) 在感知范围上,人类嗅觉感知的气味种类是有限的,利用机器嗅觉技术进行气体检测,可以扩展人类感知气体气味的范围。

(2) 在感知空间上,人类嗅觉感知的区域是"本地"的,对于远端的气味则"鞭长莫及"。通过电子鼻采集并识别远处的气味,然后通过气味复现技术,在人们的身边复现气味,可以实现气味的"万里飘香"。

(3) 在时间维度上,人类嗅觉的感知是"实时"的,通过机器嗅觉技术,将气味的通用特征信息记录下来,可以"随时"再现气味。

仿生嗅觉(bionic olfaction),亦称人工嗅觉(artificial olfaction),是模拟人的嗅觉系统实现机器感知气体(味)的智能技术。仿生嗅觉的工作原理是模拟生物嗅觉系统,人类对生物嗅觉的神经生理结构和生物化学机理的深入认识在仿生嗅觉的研发及其功能的优化中起着重要作用。[13-16]

人的嗅觉形成过程大致可分为 3 个阶段:(1) 气味分子经空气扩散到达鼻腔,与嗅觉细胞表皮纤毛上的受体结合蛋白作用,产生信号;(2) 信号在嗅觉细胞神经网络和嗅球中经一系列加工放大后输入大脑;(3) 大脑接受输入的信号做出识别判断,而大脑的判断识别功能是在由孩提时代至长大不断与外界长期接触的过程中学习、记忆、积累、总结而形成的。[17]基于人类嗅觉机理,仿生嗅觉从气体(味)的采集到识别,对人类嗅觉进行了模拟[18,19],如图 1.3 所示。阵列式传感器模拟了人类嗅觉细胞产生外界气味的信号响应过程,气味的数据采集与处理模拟了人类嗅觉神经网络对于嗅觉电信号的"加工"过程,而气味识别系统模拟了人的神经中枢,包含了"学习"气味特征指纹图谱,通过与已"学习"的"知识"进行比较来识别气味。

仿生嗅觉系统一般由气体(味)信息数据的获取、气体(味)的智能识别和气体(味)的气味指纹特征库(化学成分或专家鉴别信息)3 个模块组成。如图 1.4 所示,气体(味)信息数据获取的核心是阵列式气体传感器,将气体(味)的物化信息转化为数字信号。在气体(味)的智能识别方面,主要是通过机器学习方法对采集的气体(味)数字信号进行去噪、预处理、特征提取、分类、识别等信息处理。气味指纹特征库包含了气敏传感器的有效信号数据,系统还可能包含专家鉴别信息和气味化学成分信息。

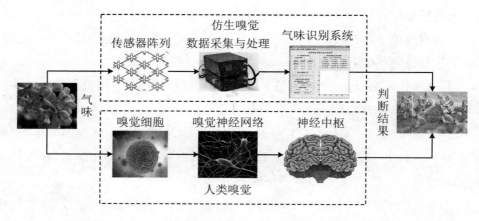

图 1.3 仿生嗅觉与人类嗅觉

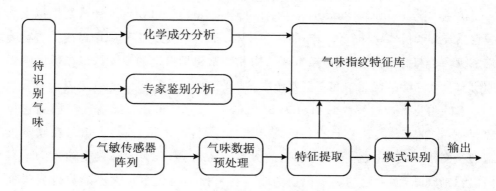

图 1.4 仿生嗅觉系统结构

综上所述,"机器嗅觉"和"仿生嗅觉"涵盖的范围不同。仿生嗅觉主要指的是基于阵列式气敏传感器实现气体(味)的自动智能识别,而机器嗅觉除气体(味)的采集识别之外,还包括气味的通用表征、气味信息的存储和传输、气味再现几个方面。可以说,机器嗅觉从更高的层面将气体和气味信息的智能获取与控制技术囊括其中,扩展了气体和气味信息技术的研究、应用范围。此外,"电子鼻"是机器嗅觉采集识别端信息的硬件系统实物,包括了阵列式气敏传感器采集装置和智能识别软件。机器嗅觉与仿生嗅觉的区别如表1.1所示。

表 1.1 机器嗅觉与仿生嗅觉的区别

	机器嗅觉	仿生嗅觉
功能	不仅模拟人的鼻子感知自然界的气体或气味,还对气味进行通用表征,并可实现气味的远端复现	仅模拟人的鼻子感知自然界的气体或气味
内容	采集识别、气味信息传输与存储、气味复现或播放	仅采集识别
意义	不仅扩大了人类感知自然界气体和气味的范围,还扩展了气味信息的时空坐标	扩大了人类感知自然界气体和气味的范围

1.2.2 气体传感器及其阵列

传感器阵列由多个广谱响应特性较大且具有交叉灵敏度的气敏传感器组成。传感器阵列与单个传感器在特性上有本质区别,单个传感器对气体的响应可用强度来表示,而传感器阵列除了具有多个传感器的响应外,还可以对所有传感器的多维响应信号形成一种唯一的响应模式,机器嗅觉正是利用这种响应模式来描述被测样品的整体气味信息的,犹如人的嗅觉一样,闻到的是样品的总体气味,这正是机器嗅觉对复杂气味进行识别的关键所在。

气敏传感器的核心组成部分是活性材料,通过活性材料与表面气体发生反应并转化成对应的电信号,实现对气体定性、定量的检测。依据活性材料的不同可将气敏传感器分为多种类型,不同类型的气敏传感器存在不同的敏感性、选择性、稳定性、一致性等问题。因此根据监测对象的特点,选用适用性良好的气敏传感器阵列是提高机器嗅觉系统性能的关键。目前,常用的气敏传感器有电化学传感器(ES)、金属氧化物半导体(MOS)电导型气敏传感器、有机聚合物膜(CP)电导型气体传感器、声表面波(SAW)气体传感器等,表 1.2 列出了机器嗅觉系统中 4 种常用传感器的类型及其各自特性。[21]

表 1.2　机器嗅觉系统中常用传感器类型及其特点

类　型	工作原理	优　点	缺　点
电化学传感器 (electrochemical sensors)	传感器与气体发生反应产生电信号,并且产生的电信号与气体浓度成正比	(1) 低功耗; (2) 鲁棒性好; (3) 常温下工作	(1) 不能适用于广泛的化合物,特别是芳香族碳氢化合物; (2) 灵敏度低; (3) 体积大
金属氧化物传感器(metal oxide sensors)	表面气体与氧化物发生反应产生电阻变化,电阻变化大小与气体浓度相关	(1) 传感器具有较好的响应和恢复时间; (2) 灵敏度高,能达到百万分之一水平; (3) 寿命长,生产工艺重复性高,更新换代方便	(1) 易与硫化合物气体产生化学反应而损坏传感器功能; (2) 需要在高温下工作,因而功耗高
导电聚合物传感器(conducting polymer sensor)	接触性气体渗透影响和聚合物复杂机理变化引起传感器材料的电阻变化,从而形成电信号	(1) 灵敏度高; (2) 反应速度快,恢复时间短; (3) 容易合成; (4) 常温下工作; (5) 不易受含硫化合物或弱酸性物质气体影响	(1) 对环境湿度比较敏感; (2) 传感器制造技术复杂,耗时; (3) 由于聚合物之间的氧化反应,传感器寿命短,一般仅为9~18个月
声波传感器 (acoustic wave sensors)	表面气体经过由压电材料和吸附材料组成的传感器而形成表面波	(1) 反应速度快; (2) 成本低; (3) 适宜高集成化; (4) 小型化	(1) 高功耗,高信噪比; (2) 制造工艺复杂; (3) 接口电路复杂

　　目前市场上的机器嗅觉系统所采用的传感器敏感材料主要是金属氧化物(以SnO_2为代表的 MOS 型气体传感器应用最为广泛)和导电聚合物,配置的传感器数量从几个到几十个不等,表 1.3 列出了几种常用的商用机器嗅觉系统。[22]

表 1.3　常用商业仿生嗅觉系统(电子鼻)

型　号	传感器数量	传感器材料	出产公司	国家
i-PEN,i-PEN3, PEN2, PEN3	6,10,10,10	金属氧化物(MOS)	Airsense Analytics	德国
Artinose	38	金属氧化物(MOS)	Sysca AG	德国
3320	22	金属氧化物(MOS)	Applied Sensor	瑞典
FOX 2000, 3000, 4000	6, 12, 18	金属氧化物(MOS)	Alpha MOS	法国

续表

型　号	传感器数量	传感器材料	出产公司	国家
Bloodhound ST 214	14	导电聚合物	Scensive Technologies	英国
Aromascan A32S	32	导电聚合物	Osmetech Plc	美国
Cyranose 320	32	导电聚合物	Cyrano Sciences	美国

另外,近年来,部分研究者致力于利用天然分子识别机制,开发出一种与传统嗅觉传感器相比更具仿生意义的新型化学探测系统,即以生物活性材料作为敏感元件,结合二级传感器实现对气味物质的特异灵敏检测,以期获得类似生物嗅觉系统的检测性能,即仿生嗅觉传感器。[23,24]仿生嗅觉传感器通常将动物嗅觉受体、细胞和组织作为敏感材料,然后使用多种人工检测方法,如光学、电化学和声波检测器件等,实现对易挥发性物质的检测和识别。这种由生物活性材料组建的仿生嗅觉系统部分继承了生物化学感觉系统所特有的响应迅速、灵敏度高、选择性好等优点。Liu Q 等将蜜蜂化学感受蛋白 Ac-ASP3 固定在金电极上,利用电化学阻抗谱检测 Ac-ASP3 识别其不同浓度的配体分子(乙酸异戊酯),结果表明该传感器能够检测气味物质并进行定量分析。[25—27]

1.2.3　气味智能识别

气敏传感器阵列检测到气味信号后,形成初始的气味信号曲线图,此曲线是一系列的阵列模式。此时的测量数据都是含有噪声的,为了后续更高层次的处理,有必要对信号进行去噪、滤波、数据压缩等预处理,构建气味数据库。最后,机器嗅觉系统使用多元统计等方法建立气味特征模式,形成气味特征图谱。

根据机器嗅觉传感器输出信号的特点,需要采取不同的信号处理方法来提高系统测量的精度和线性度。当传感器阵列信号经过 A/D 转换成为数字信号之后,存储在计算机内部的数据仍需要进行预处理,其目的是从传感器响应中提取相关信息以及为后续的多元模式识别提供数据准备。常用的信号预处理技术包括基线处理(baseline procession)、数据压缩(compression)和标准化处理(normalization)等,具体处理过程如图 1.5 所示。

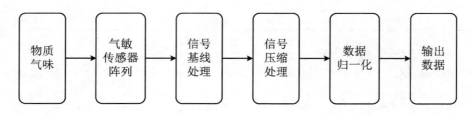

图 1.5　信号预处理过程

信号预处理对于机器嗅觉系统的性能有着较大的影响。信号预处理不仅可以降噪,而且可以使得识别复杂度降低、误差减小,有利于提高机器嗅觉系统的辨识精度。

气味信息通过预处理后,需要采用一定的识别方法对气味信息进行分类和识别。模式识别(pattern recognition)是指对表征事物或现象的各种形式的(数值的、文字的、逻辑关系的)信息进行处理和分析,以对事物或现象进行描述、辨认、分类和解释的过程,是信息科学和人工智能的重要组成部分。模式识别技术在计算机理论、信号与信息处理、自动控制理论等方面得到了广泛的应用,近年来逐渐应用于机器嗅觉系统中,并引起普遍重视。在机器嗅觉中,模式识别技术用于对预处理之后的气味数据再进行适当的处理,获得气体组成成分和浓度的信息。

机器嗅觉系统常用的模式识别方法通常有两大类,即基于统计识别模式和基于智能识别模式[28—30],如表 1.4 所示。

表 1.4　机器嗅觉系统常用模式识别方法

类　型	常用方法	基本原理	应用领域
基于统计识别模式	主成分分析(PCA)	数学统计分析方法。通过正交变换将一组可能存在相关性的变量(比如 P 个指标)转换为一组线性不相关的变量(即综合指标),转换后的这组变量叫主成分	医药信息分类、人口统计学、数量地理学、分子动力学模拟、数学建模、数理分析等
	线性判别分析(LDA)	将高维样本数据投影到最佳分类的向量空间,保证在新的子空间中有更大的类间距离和更小的类内距离	人脸识别、中药材鉴别等
	支持向量机(SVM)	基于统计学习理论,实现经验风险和置信范围的最小化。用于解决小样本、非线性及高维模式识别问题时表现出许多特有的优势	函数拟合、数据分类和回归分析,应用于生物信息学、文本和手写识别等

类型	常用方法	基本原理	应用领域
基于统计识别模式	k 最近邻（KNN）	依据最邻近的一个或者几个样本的类别来决定待分类样本所属的类别。算法简单，易于实现，适合于多分类问题	预测估计、生物、医学、经济等领域
	偏最小二乘回归（PLS）	在变量系统中提取若干对系统具有最佳解释能力的新综合变量，然后对它们进行回归建模	广泛应用于生物信息学、机器学习和文本分类等领域
基于智能识别模式	人工神经网络（ANN）	通过模仿人或动物神经网络的行为特征，进行分布式并行信息处理的数学模型。具有自学习、自适应功能；具有联想存储功能；具有高速寻找优化解的能力	模式识别、智能机器人、自动控制、预测估计、生物、医学、经济等领域
	模糊算法（如模糊推理（FIS））	以模糊集理论为基础，模拟人脑认识客观世界的非精确、非线性的信息处理能力。所需存储空间小，信息处理具有实时性、多功能性和满意性	家电产品、专家系统、智能控制等
	遗传算法（GA）	通过模拟生物自然进化过程搜索最优解的方法。由基于染色体群的并行搜索，带有猜测性质的选择操作、交换操作和突变操作组成	函数优化、生产调度、自动控制、图像识别等
	深度学习（DL）	通过对原始信号进行逐层特征变换，将样本在原空间的特征表示变换到新的特征空间，通过自动学习得到层次化的特征表示，从而更有利于分类或特征的可视化	目前主要应用于语音识别、合成及机器翻译，图像分类及识别等

在表 1.4 中，模式识别方法 PCA 和 ANN 的应用最为广泛。当然，尽管目前机器嗅觉系统所采用的模式识别算法在定性识别中已经取得了令人满意的成果，但在定量分析中的结果并不理想，还有待进一步的研究。

1.2.4　气味数字化与传输

日新月异的计算机技术使我们的生活变得更加五彩缤纷。随着科学技术水平的不断提高,气味数字化将成为现实,即气味经过气味编码器编码成数字信号,经网络传输到达接收方进行气味解码,再通过气味发生设备把气味模拟释放出来。著名的以色列威茨曼研究所的数学家巴威·哈尔和生物化学家科隆·兰舍特经过长达三年的合作研究,已经能够大致分析出 150 种不同气味的特性。[21,22]这两位专家已经成功研究出一套计算方法,可以把传感器探测到的气味数字化。他们还表示,可以借助于一种气味发生器,该气味发生器装填有 150 余种不同的"气味基本元素",在收到传来的气味电子信息之后,就能调制出任意一种气味来。他们还设想,如果能将气味信息电子化,也就可以把这一电子信息传送到另一个遥远的地方,再在那儿把信息还原成气味。

任何气味都有其独特的性质,可以与某种化学物质发生物理反应或化学反应,造成某一物理量的变化(比如质量、颜色、电特性等的变化),通过特定的信号转换机制可以将这种变化转化成电信号,从而进行数字化传输。目前,"气味数字化"的实现方法可归纳为 3 种,即仿生学方法、数字化方法和仿生学与数字化相结合的方法。仿生学方法就是模仿生物嗅觉系统,对任意不同多成分混合气味进行实时识别、记忆,并用因特网传送信息,然后在接收终端由气味元素合成产生气味。数字化方法是对有限种类气味进行分析,事先形成气味特性数据库,在工作时,气味发送端检测气味特征并用因特网传送气味特征编号,接收终端根据气味特征编号从气味特性数据库中选择库存气味进行播放。仿生学与数字化相结合的方法就是在气味发送端通过仿生嗅觉装置实时检测气味,用因特网传送气味整体信息,在接收终端从气味库中选择气味并播放。

在机器嗅觉技术中,气味数字化是基础,同时也是核心。要实现"气味数字化",简言之就是要完成"气味采集与编码—气味数字信息网络传输—气味复现"的过程,即通过对气味进行采集,完成数字化编码,建立多种基础气味数据库,经过网络化传输,最终在远程终端实现气味复现。

1.2.5 气味终端复现

气味终端复现,简称"气味复现",是指气味依次经过气味采集(利用电子鼻等设备)、气味数字化编码(也称为嗅频)并将这些"编码"通过网络传输,在异地借助气味发生器对"编码"进行"解码",实现适时复现指定气味的过程。这个过程,可以抽象成"编码"和"解码"两个环节。"编码"的环节类似我们熟知的"基因图谱"工程,通过编码体系,对气味进行分类、标记、编码,形成气味数据库。"解码"环节,其实就是气味的传输与再造,利用纳米、精密电微控等技术设计气味发生装置,根据指令实现气味的释放与再现。

作者团队提出了一种基于嗅频信息的气味复现技术路线,如图 1.6 所示。首先,气味信息采集装置采集物质气味响应信号,这种采集装置可以是采用阵列式气敏传感器的电子鼻,也可以是气相色谱-质谱联用仪(GC-MS,gas chromatography-mass spectrometer)或其他采集设备。然后在运算设备中,将气味的响应信息提取为嗅频信息,这种信息是通用的,不因采集设备的不同而变化。将这些嗅频信息传输到复现端,在复现端的运算单元中将其解析转换为复现配方,复现控制装置根据配方信息实时地复现气味。

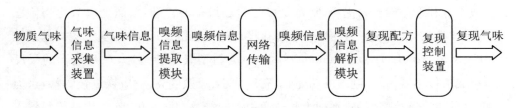

图 1.6　基于嗅频信息的气味复现技术路线

借助机器,在虚拟世界中模拟真实的环境、营造更丰富的数字体验,是人们一直努力的方向之一,声音、影像甚至触觉的模拟与"传输"都已实现,但对数字气味技术的探索才刚开始。近年来,国外出现了能发送"气味短信"的产品"oPhone",并推出了名为"Cyrano"的"气味扬声器"等。可以预见,随着机器嗅觉研究的深入发展,气味数字化、气味终端复现等终将得以实现,我们的生活也会因此变得更为方便、快捷和丰富多彩。不久的将来,我们的多媒体计算机将增加一个新媒体:气味。当屏幕上出现枪战时,房间里立刻就会弥漫着硝烟的气味;观看电视转播方程式赛车大赛时,我们也能闻到大马力引擎排出的废气和燃烧后的焦油气味;更有趣的是,在情人节向心爱的人赠送红玫瑰时,远在千里之外的心上人也能清晰地闻到红玫瑰浓浓的花香。可以说,不管是气味电影、气味电视,还是通过因特网"传递"花香、硝烟味或其他气味,很快都将不再是梦想。

1.3　机器嗅觉未来技术

1.3.1　高集成度阵列化传感器

电子鼻往往受限于气敏传感器的采集性能。当前,气敏传感器仍存在选择性(selectivity)较差、存在漂移(drift)的问题。由于金属氧化物传感器具有灵敏度较高、成本低和寿命较长的优势,常常是设计检测设备的首选,然而金属氧化物传感器的尺寸较大,这限制了检测装置小型化设计的可能性。近年来,基于微机电系统(MEMS,micro-electro-mechanical system)的新型气敏传感器,在几毫米的尺度上,集成了传感器、微控制器的功能,具有尺寸小、灵敏度高、响应恢复快等特点,但目前这种传感器价格偏高,不利于其在商用上的普及。微型化、阵列化是传感器未来的发展趋势。

此外,大数据是近年来的一个热点,而随着5G移动网络的发展,物联网产业的发展也将步入快车道。气体本地采集-云端检测识别是另一个发展方向。例如在环境监测方面,在气敏传感器模块加入移动网络传输模块和GPS,将传感器模块放置于每一个监测点。在传感器模块本地,首先对采集的数据进行特征提取等处理以降低数据量,然后在云端实现气体的检测识别,并提供数据分析功能。[31]解决不同传感器模块的数据融合问题,可扩大传感网络的适用范围。

1.3.2　气味通用表征

气味通用表征信息是气味信息存储与传输的核心。传感器检测的原始数据,其响应特性是独特的,如何将不同传感器获取的响应信号映射到一个通用的表征模型上,是一个值得深入研究的问题。生理学上,通过R、G、B三维模型构建了人眼可感知的色域空间,而人类嗅觉系统对于自然界物质气味的感知机理则仍有待进一步的探索。

近年来,科学界尝试建立描述气味的词汇和气味分子的特征信息的关系。

Nakamoto 等人研究了气味语义描述符(vebal descriptors)与质谱仪采集的物质气味的成分信息的关系,通过物质气味的成分信息成功地预测了气味的语义描述。[32,33]然而,这种方法的一个关键问题在于大多数人类交流使用的语言中没有专门用于描述物质气味的词汇。不同的语言背景,其描述自然界物质气味的词汇和方式也不同,从而可能造成歧义。另外,不同的人有不同的文化、教育背景,也造成了用词的差异。因此,建立一种统一的、标准的嗅感语义字典,从而解决这些差异性问题,是非常有必要的。目前主要的研究方法是借助维基百科(Wikipedia)的文本,将与嗅感相关的词汇抓取下来,并使用 Word2vec 来进行语义分析。[34—36]

1.3.3　终端动态再现

人类通过嗅觉感知自然界的千万气味,食物的香甜气味增强了人们的食欲,花草的甜美气息为人们带来愉悦之情,土壤的清香给人们传递着飒爽精神。好闻的气味可以增强人们的积极情绪,难闻的气味让人避之若浼。人类在文明的演化过程中,逐步失去了对某些危险气味的感知能力,但人类对美好气味的追求则愈发强烈。几千年的文明发展历史中,人类从来没有停止过追逐香气的步伐。1370 年,人类制成了最古老的香水——“匈牙利水”。19 世纪以来,随着有机化学、合成香料工业的迅速发展,调香技术也随之进步。据国外调研机构估计,香精香料行业的产值将以复合年增长率 6%的速度持续增长,到 2023 年,总产值将达到 646 亿美元。2017 年,我国香精香料行业产值已达到 621 亿元,行业产量达 124.8 万吨。随着医药工业、食品工业、环保产业、饮料工业等行业的不断发展,日用香精香料的需求也随之增长。气味的应用早已深入到人们生活的方方面面。

随着电子、计算机及信息技术的迅猛发展,机器再现气味技术开始引起科学界和产业界的关注。然而,目前国内外主要的气味再现技术方案采用的是快速释放预制的气味原料,即气味播放的方式,气味学仍然没有建立,在生理学、物理化学和信息学领域,对气味的探索仍有待进一步深入。因此,采用气味复现来实现气味的再现,仍困难重重,国内外对于气味复现的研究鲜有报道。目前,生理学上主要的观点是,人类从一个混合气味中可分辨出的最多单体气味不超过 20 种。[37]因此,在气味复现过程中,通过有限数量的单体气味来实现较多的混合气味组合,是一种合理的推测。此外,生理学、心理学上对于气味空间的构建,提出了不同的空间模型,这些空间模型是侧重于气味的嗅觉感知机制而构建的。因此,在气味复现的研究方面,构建一种合适的气味空间是值得探讨的问题。

目前,国内对机器嗅觉的研究尚处于实验探索阶段。机器嗅觉系统涉及的许多关键技术,如气味表征、气味数字标准化、气味数据库等,尚处于初步探索阶段。但由于机器嗅觉具有的独特功能,它必将在各行各业得到广泛的应用。

参 考 文 献

[1] Wilkens W F, Hartman J D. An Electronic Analog for the Olfactory Processes[J]. Journal of Food Science, 1964(29): 372 - 378.

[2] Persaud K, Dodd G H. Analysis of Discrimination Mechanisms in the Mammalian Olfactory System Using a Model Nose[J]. Nature, 1982 (299):352 - 355.

[3] Gardner J, Bartlett P. Electronic Noses, Principles and Applications[M]. New York: Oxford University Press, 1999.

[4] Gardner J, Bartlett P. A Brief History of Electronic Noses[J]. Sens. Actuators B,1994(18-19):212 - 219.

[5] Shurmer H V, Gardner J W, Chan H T. The Application of Discrimination Techniques to Alcohols and Tobaccos Using Tin-oxide Sensors[J]. Sensors & Actuators,1989,18(3 - 4):361 - 371.

[6] Nakamoto T, Yoshikawa K. Movie with Scents Generated by Olfactory Display Using Solenoid Valves[C]//IEEE Virtual Reality Conference (VR 2006),2006.

[7] Kadowaki A, Noguchi D, Sugimoto S, et al. Development of a High-Performance Olfactory Display and Measurement of Olfactory Characteristics for Pulse Ejections[C]//IEEE/IPSJ International Symposium on Applications and the Internet, Seoul, 2010:1 - 6.

[8] Matsukura H, Yoneda T, Ishida H. Smelling Screen: Development and Evaluation of an Olfactory Display System for Presenting a Virtual Odor Source[C]//IEEE Transactions on Visualization and Computer Graphics, 2013: 606 - 615.

[9] Michael J, Howell N S, Herrera A G, et al. A Reproducible Olfactory

Display for Exploring Olfaction in Immersive Media Experiences[J]. Multimedia Tools and Applications, 2015, 20(75).

[10] Abid S H, Li Zhiyong, Li Renfa, et al. Anaglyph Video Smell Presentation Using Micro-porous Piezoelectric Film Olfactory Display[J]. ScienceDirect, 2015(39):55-67.

[11] Harel D, Carmel L, Lancet D. Towards an Odor Communication System [J]. Computational Biology and Chemistry, 2003,2(27):121-133.

[12] Yamanaka T, Yoshikawa K, Nakamoto T. Improvement of Odor-recorder Capability for Recording Dynamical Change in Odor[J]. ScienceDirect, 2003,2-3(99):367-372.

[13] Frechen F B. Effect of Aerobic Treatment on Odour Emissions-results from Large-scale Technical Plant Operation[C]//Proceedings of Sardinia 97, Sixth International Landfill, 1997.

[14] Gostelow P, Parsons S A, Stuetz R M. Odour measurements for sewage treatment works[J]. Water Research, 2001,35(3):579-597.

[15] Dodd G H, Bartlett P N, Gardner J W. Odours the stimulus for an electronic nose[M]//Sensors and Sensory Systems for an Electronic Nose. Netherlands: Springer, 1992.

[16] Keller P E. Physiologically inspired pattern recognition for electronic noses[C]//Proceedings of SPIE. The International Society for Optical Engineering, 2002(4739):144-152.

[17] Mahmoudi E. Electronic Nose Technology and Its Applications[J]. Sensors Transducers J., 2009(107):17-25.

[18] Ko H J, Lim J H, Oh E H, et al. Applications and perspectives of bioelectronic nose[M]// Park T H. Bioelectronic nose. Dordrecht, Heidelberg, New York, London: Springer,2014:263-283.

[19] 田程,刘春生,张媛.机器嗅觉系统技术在气味识别中的研究进展[C]//中华中医药学会第十届中药鉴定学术会议论文集.2013:22-31.

[20] Albert K J, Lewis N S, Schauer C L, et al. Cross-Reactive Chemical Sensor Arrays[J]. Chemical Reviews, 2000, 100(7):2595-2626.

[21] Deshmukh S, Bandyopadhyay R, Bhattacharyya N, et al. Application of

Electronic Nose for Industrial Odors and Gaseous Emissions Measure-ment and Monitoring-An overview[J]. Talanta，2015(144)：329－340.

[22] Loutfi A，Coradeschi S，Mani G K，et al. Electronic Noses for Food Quality：A Review[J]. Journal of Food Engineering，2015(144)：103－111.

[23] Vosshall L B，Stocker R F. Molecular Architecture of Smell and Taste in Drosophila[J]. Annu. Rev. Neurosci. 2007(30)：505－533.

[24] 秦臻,董琪,胡靓,等.仿生嗅觉与味觉传感技术及其应用的研究进展[J].中国生物医学工程学报，2014,33(5)：609－619.

[25] Liu Q，Ye W，Yu H，et al. Olfactory Mucosa Tissue-based Biosensor：A Bioelectronic Nose with Receptor Cells in Intact Olfactory Epithelium[J]. Sensors and Actuators B：Chemical，2010，146(2)：527－533.

[26] Liu Q，Ye W，Hu N，et al. Olfactory Receptor Cells Respond to Odors in a Tissue and Semiconductor Hybrid Neuron Chip[J]. Biosensors and Bioelectronics，2010，26(4)：1672－1678.

[27] Liu Q,Wang H,Li H,et al. Impedance Sensing and Molecular Modeling of an Olfactory Biosensor Based on Chemosensory Proteins of Honeybee[J]. Biosensors and Bioelectronics，2013，40(1)：174－179.

[28] Scott S M，James D，Ali Z. Data Analysis for Electronic Nose Systems[J]. Microchem. Acta，2006(156)：183－207.

[29] 傅军.基于嗅觉神经网络的电子鼻仿生信息处理技术研究[D]. 杭州：浙江大学，2009.

[30] 尹宝才，王文通，王立春. 深度学习研究综述[J]. 北京工业大学学报，2015(1)：48-59.

[31] Juan A L，Juan A G G，et al. An Efficient Wireless Sensor Network for Industrial Monitoring and Control[J]. Sensors，2018,18(1)：182.

[32] Nozaki Y，Nakamoto T. Odor Impression Prediction from Mass Spectra[J]. PLOS One，2016.

[33] Nozaki Y，Nakamoto T. Predictive Modeling for Odor Character of a Chemical Using Machine Learning Combined with Natural Language Processing[J]. PLOS One，2018,16(6).

[34] Gutierrez E D, Dhurandhar A, Keller A, et al. Predicting Natural Language Descriptions of Smells[J]. Biorxiv, 2018.

[35] Nozaki Y, Nakamoto T. Predictive Modeling for Odor Character of a Chemical Using Machine Learning Combined with Natural Language Processing[J]. PLOS One, 2018,13(6).

[36] Iatropoulos G, Herman P, Lansnerb A, et al. The Language of Smell: Connecting Linguistic and Psychophysical Properties of Odor Descriptors [J]. Cognition, 2018(178):37 - 49.

[37] Meister M. On the Dimensionality of Odor Space[J]. Computational and Systems Biology, 2015.

第 2 章　机器嗅觉传感器

机器嗅觉系统可以检测出物质的气味。在检测气味的整个过程中,机器嗅觉传感器是基础,又是关键的部分,它的检测灵敏度和精度将对后续的信号处理、模式识别等环节产生很大的影响。机器嗅觉传感器是由多个用于检测气体的传感器构成,适用于机器嗅觉系统的一种特殊的传感器阵列。

在机器嗅觉系统中,常用的气敏传感器可分为 4 类:(1) 电导型气敏传感器,包括金属氧化物半导体电导型气敏传感器和导电聚合物传感器;(2) 质量敏感型气敏传感器,包括石英晶体微天平气敏传感器和声表面波气敏传感器;(3) 基于光谱变化原理的光纤气敏传感器;(4) 基于电荷功耗作用的金属氧化物半导体场效应管气敏传感器。此外,作为一种新型传感器,生物嗅觉传感器也适用于机器嗅觉系统。

从本质上讲,机器嗅觉传感器就是一种特殊的传感器阵列,其构造要遵循一定的选型原则和构造准则。构造出原始的传感器阵列之后,再对其进行优化处理,可得到一个精简高效的传感器阵列。

2.1　机器嗅觉传感器简介

气味通常是由众多不同的气体分子组成的,为了准确地检测出某种气味,机器嗅觉系统使用由众多对不同气体敏感的传感器构成的传感器阵列,我们称这种传感器阵列为机器嗅觉传感器。

机器嗅觉传感器的响应是对所有气体成分的总体反映,其功能与生物嗅觉系统中的大量嗅觉受体细胞相似。因此,用于机器嗅觉系统的单个传感器和嗅觉传感器的关系可类比如下:单个传感器就相当于动物的单个嗅觉细胞,嗅觉传感器就相当于"探测"某种气味的细胞群。

在机器嗅觉传感器中,不同传感器对不同物质气味的响应是不同的,并且不同敏感元件对同一种物质气味的响应也是不同的,它们具有交叉灵敏度,这一点非常重要,是机器嗅觉系统的基础。

机器嗅觉传感器是机器嗅觉系统的核心技术之一,它是利用阵列式传感器的交叉敏感特性,将气体模式信息提供给系统进行分析和识别。在机器嗅觉传感器中,常用的传感器有金属氧化物半导体传感器(MOS)、导电聚合物传感器(CP)、石英晶体微天平传感器(QCM)和声表面波传感器(SAW)等。机器嗅觉传感器性能的好坏直接影响机器嗅觉系统功能的强弱,主要体现在系统的稳定性、灵敏度、选择性、抗腐蚀性等方面。

传感器的加工技术对于嗅觉传感器的性能和特性而言非常重要。目前在传感器制造中,气敏元件的制造工艺很多,但针对机器嗅觉传感器的材料、特点及特性要求,微电子机械技术(MEMS)是其主要制造工艺技术之一。

微电子机械技术是通过系统的微型化、集成化来探索具有新原理、新功能的元件和系统。它是以微电子技术和微加工技术为基础的一种新技术,分为体微机械技术、表面微机械技术和 X 射线深层光刻电铸成型(LIGA)技术。体微机械技术加工对象以体硅单晶为主,加工厚度为几十至数百微米,关键技术是腐蚀技术和键合技术,优点是设备和工艺简单,但可靠性差;表面微机械技术利用半导体工艺,如氧化、扩散、光刻、薄膜沉积、牺牲层和剥离等专门技术进行加工,厚度为几微米,优点是与 IC 工艺兼容性好,但纵向尺寸小,无法满足高深宽比的要求,受高温影响较大;LIGA 技术采用传统的 X 射线包光、厚光刻胶作掩膜、电铸成型工艺,加工厚度为数微米至数十微米,可实现重复精度很高的大批量生产。

2.2　气敏传感器

气敏传感器是指用于探测一定区域范围内是否存在特定气体和/或能连续测量气体成分浓度的器件。在煤矿、石油、化工、食品、医疗等领域,气敏传感器都有着广泛的应用。

气敏传感器使用价值的评价有三个重要指标:灵敏度、选择性和稳定性。传感器的灵敏度是指传感器输出变化量与输入变化量的比值,由传感器的结构及所使用的技术决定。针对同一气体成分,不同的传感器所表现出来的灵敏度不同,在选择时需要挑选高灵敏度的传感器。传感器的选择性,就是传感器的交叉灵敏度,可以通过测量某种浓度的干扰气体时传感器所产生的响应来确定,传感器的选择性决定了它可检测气体的种类。传感器的稳定性是指传感器性能的稳定程度,传感器的性能受环境影响越小,那么传感器的稳定性就越强。

在机器嗅觉系统中,常用的气敏传感器可分为 4 类[1]:(1) 电导型气敏传感器,包括金属氧化物半导体电导型气敏传感器和导电聚合物传感器;(2) 质量敏感型气敏传感器,包括石英晶体微天平气敏传感器和声表面波气敏传感器;(3) 基于光谱变化原理的光纤气敏传感器;(4) 基于电荷功耗作用的金属氧化物半导体场效应管气敏传感器。

上述几类传感器在灵敏度、选择性和稳定性等方面存在一定的差异,对于不同的检测对象,不同类型传感器的响应特性也不相同。表 2.1 对这几类传感器进行了对比。

表 2.1　气敏传感器特点对比

传感器种类	测量依据	作用机理	制备方法	灵敏度	常用检测对象	优点	缺点
金属氧化物气敏传感器	电导率	金属氧化物气敏传感器	微加工、喷涂	5×10^{-6} 至 5×10^{-4}	H_2、CO、食品、中药材、农业、工业、环境检测等	价格合理,响应速度快,稳定性强	在高温下才能正常工作
导电聚合物气敏传感器	电导率,电容	有机聚合物膜气敏传感器	微加工,电镀,丝网印刷,旋涂	1×10^{-7} 至 1×10^{-4}	挥发性有机化合物	可在常温下工作	对湿度很敏感
石英晶体微天平、声表面波气敏传感器	频率	质量敏感型气敏传感器	微加工,电镀,丝网印刷,旋涂	1.0 ng	有机挥发性气体等	灵敏度高,可在常温下工作	制作较复杂,要求高
光纤气敏传感器	波长,光吸收度	光学气敏传感器	微加工,电镀,丝网印刷,旋涂	待研究中	CO、CH_4、乙炔、氮氧化物等气体	屏蔽噪声能力强,适应性强	价格相对昂贵
场效应管气敏传感器	电压,电流	电势气敏传感器	微加工	只能针对特定气体进行检测	H_2、CH_4、NO_x 以及有机气体等	集成度高,体积小,便于集成多功能	气体响应程度需要达到肖特基门槛

2.2.1　金属氧化物半导体传感器

　　金属氧化物半导体传感器是目前应用较广泛的气敏传感器之一。其常见的制作材料有锡、锌、钛、钨、铱等的氧化物,并掺入铂(Pt)和钯(Pd)等贵金属催化剂。金属氧化物半导体传感器需在 200～400 ℃ 的温度下工作。当气体吸附于半导体表面时,引起半导体材料总电导率发生变化,使得传感器的阻值随气体浓度的改变而变化,这就是金属氧化物半导体气敏传感器的基本工作原理。该类传感器主要分为表面电阻控制型(如 SnO_2 系列和 ZnO 系列)、体电阻控制型(如 Fe_2O_3 系列)和非电阻型(如 MOSFET 系列)三种类型[2]。

1. 金属氧化物半导体传感器的检测机理

(1) 表面电阻控制型气敏传感器

　　SnO_2、ZnO 系列传感器属表面电阻控制型气敏传感器,即 N 型半导体气敏器件。其表面在空气中吸附氧分子,并从半导体表面获得电子形成 O^-、O^{2-} 等受主型表面能级,表面电阻增加。还原性气体(如 H_2、CO 等)作为被检测气体与其表面接触时,发生氧化还原反应,被氧原子捕获的电子重新回到半导体中,表面电阻下降。上述过程可用下面三个化学方程式来描述:

$$\frac{1}{2}O_2 + n\mathrm{e} \longrightarrow O^{n-}_{吸附} \tag{2.1}$$

$$O^{n-}_{吸附} + H_2 \longrightarrow H_2O + n\mathrm{e} \tag{2.2}$$

$$O^{n-}_{吸附} + CO \longrightarrow CO_2 + n\mathrm{e} \tag{2.3}$$

　　在表面电阻控制型气敏传感器中,SnO_2 型气敏传感器是目前世界上生产量最大、应用最广泛的。

(2) 体电阻控制型气敏传感器

　　很多氧化物半导体由于化学计量比的偏离,导致半导体晶体结构存在缺陷,在较低的温度下与气体接触时,半导体晶体中的机构缺陷发生变化,继之体电阻改变,利用这种机理可进行气体检测。比如,$\gamma\text{-}Fe_2O_3$ 气敏传感器与气体接触时,随着气体浓度的增加,形成 Fe^{2+} 离子,$\gamma\text{-}Fe_2O_3$ 气敏转变成 Fe_3O_4,材料电导发生变化,体电阻下降。而这种变化是可逆的,当器件脱离被测气体时,又可恢复到 Fe_2O_3 的原来状态。这一过程可用下式表示:

$$\gamma\text{-}Fe_2O_3 \underset{氧化}{\overset{还原}{\rightleftharpoons}} Fe_3O_4 \tag{2.4}$$

但值得注意的是，$\gamma - Fe_2O_3$ 是亚稳态的，当传感器工作温度较高时，亚稳态的 $\gamma - Fe_2O_3$ 会转变成稳态的 $\alpha - Fe_2O_3$，失去气敏特性，因此这种传感器的工作温度一般不超过 500 ℃，最佳工作温度一般为 400～420 ℃。

（3）非电阻型半导体气敏传感器

这种类型的传感器是利用半导体表面的空间电荷层或金属-半导体接触势垒发生变化时，会导致半导体伏安特性随之变化而进行气体检测的。

总之，以金属氧化物为基材料的半导体气敏传感器，其检测机理相对复杂，有的气敏传感器的工作过程可能同时包括多种机理，这些机理的作用程度如何还有待进一步的研究。

2. 金属氧化物半导体传感器的结构

图 2.1 是一种电导型金属氧化物传感器的基本结构示意图。电极材料通常是铂（Pt）、铝（Al）或金（Au），而基底材料可以是硅、玻璃或塑料。当传感器和挥发性有机混合物相互作用时，会使活性材料的导电性发生变化，而电极对中电阻的变化则可通过电桥或其他电路来测量。这类传感器的灵敏度一般在 $(5～500) \times 10^{-6}$。金属氧化物传感器的基准响应一段时间后会发生漂移，所以采用的信号处理电路或算法应能抵消这一类漂移。金属氧化物传感器也容易被气味物中存在的硫化物所毒化。但这类传感器容易制造且价格低廉，所以被广泛应用。

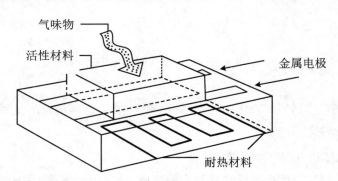

气味物

活性材料

金属电极

耐热材料

图 2.1　电导型金属氧化物传感器的基本结构

这类传感器的灵敏度可通过在其中掺杂一些金属物质来提高。添加的金属将促进半导体和气体之间的接触式反应，从而导致传感器的化学特性增强。例如，当一些金属杂质掺杂进 SnO_2 当中时，会使得空间主导层的电传感性增强，金属的电子亲和力比半导体的电子亲和力要大得多，从而导致在空气中的电阻更大。典型的杂质金属包括铂（Pt）和钯（Pd），当然也可以是其他的一些金属，像铝（Al）和金

（Au）（它们的效果没有铂或钯好）。在掺入了杂质铂或钯之后，传感器对苯、甲苯这些气体的灵敏度都有所提高，掺了杂质的传感器也被证实在检测有机易挥发的气体时比检测脂肪类或者芬芳类的气体具有更高的灵敏度。

3. 锡氧化物气敏传感器的响应特性曲线

图 2.2 是一个典型的锡氧化物传感单元。陶瓷管上覆盖着敏感材料 SnO_2 薄膜，电加热丝穿过管心，电接触端设在两头，每一个传感器都是独立的封装和 1 cm 的直径。

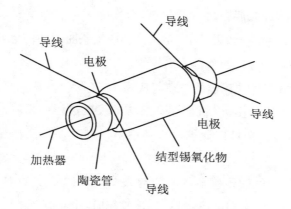

图 2.2　典型的锡氧化物传感器

图 2.3 给出了典型的锡氧化物气敏传感器的响应特性曲线，输出参数为传感器的电阻值。

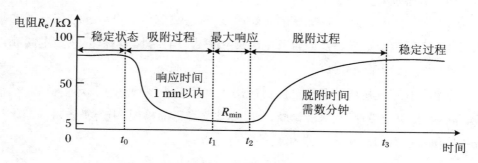

图 2.3　典型的锡氧化物气敏传感器的响应特性曲线

整条曲线分成四段：

（1）稳定状态。传感器加热后在空气测试环境中达到稳定状态。

（2）吸附过程。传感器吸附测试样品，电阻值发生变化。锡氧化物气敏传感器的响应时间一般在 1 分钟以内。

（3）最大响应。经过一定的时间，传感器对吸附测试样品的响应趋于一个稳定值。

（4）脱附过程。传感器和样品脱离接触一段时间后，传感器的电阻值重新恢复到稳定状态。

锡氧化物气敏传感器响应过程的后三个阶段都包含有与测试样品有关的信息。在实际应用中，人们通常只使用传感器的最大响应，记录传感器由稳定状态达到最大响应，即稳定响应的过程，也就是图 2.3 中由 t_0 到 t_1 这一段响应。事实上，若不利用最大响应和脱附过程的信息，会损失大量有用信息，其结果是降低识别效果。在机器嗅觉系统的设计中，要充分利用整条曲线的信息，这样识别效果会大大提高。

4. 金属氧化物气敏传感器的特点与应用

金属氧化物气敏传感器在机器嗅觉系统的发展过程中起着非常大的作用，也是目前技术最成熟、运用最广泛的气敏传感器。与其他传感器相比，它具有以下优点：

（1）金属氧化物气敏传感器的阻值与被测气体的浓度基本上呈指数变化关系，因此这种类型的传感器用于低浓度气体检测时，也具有较高的灵敏度。

（2）材料的物理、化学稳定性好，寿命长，耐腐蚀性强。

（3）对气体的检测是可逆的，而且吸附、脱附时间短，可以长时间连续使用。

（4）结构简单，成本低，可靠性高，机械性能良好。

（5）对气体的检测不需要复杂的处理设备，待测气体信息可通过传感器的阻值变化，直接转化成电信号，而且其电阻变化率大，信号处理不需要放大电路就可以实现（可直接用于信号采集）。

金属氧化物气敏传感器现已广泛应用于食品工业、农业生产、环境监测、精细化工行业、烟草质量评定、医疗诊断行业、爆炸物和毒品检测、中药材质量标准化气味指纹图谱以及国防和航空等领域。

2.2.2　导电聚合物传感器

常用的导电聚合物有聚吡咯、噻吩、吲哚和呋喃等。当它们暴露在各种挥发性有机化合物中时，化合物和聚合物相结合，会使聚合物的导电性发生改变。

为了在传感器中使用这类聚合物，采用微制造工艺加工法（MEMS）来制造间

隔只有 $10\sim20\,\mu m$ 的电极。导电型聚合物传感器在常温下工作,不需要加热器,因此比较容易设计和制造。聚合物型传感器的灵敏度可达 10^{-7}。导电型聚合物传感器的主要缺点是:活性物质的电聚合化过程比较困难和耗时,不同生产批次的产品会有一些偏差,同时响应也会随时间而漂移。

1. 导电聚合物传感器的检测原理

这类传感器的工作原理与本征导电聚合物(ICP)的工作原理相同。图 2.4 是最典型的 ICP(乙炔、噻吩、吡咯、苯胺)基本结构单元,都是由线性的反向共轭有机单体组成。

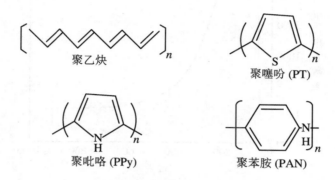

聚乙炔

聚噻吩 (PT)

聚吡咯 (PPy)

聚苯胺 (PAN)

图 2.4　ICP 绝缘状态下的结构

这些物质在中间状态下是绝缘的,但在发生还原或氧化反应的情况下具有导电性。它们的导电性是通过带结构的转化和电荷载体的产生而形成的。大部分 ICP 的工作原理像一维的传导物,主要通过线性共轭链来导电。形式上,这类物质是电子半导体,但在温导特性上它和一般的金属导电体相反,因为这类物质在室温下的电能状态带在它的价带和导带之间,所以它们的导电性随着温度的升高而变低。

当 ICP 吸入分析气体时,产生物理溶胀并影响聚合链上电子密度改变。设吸收气体后的 ICP 在传导率上的改变为 $\Delta\sigma$,它可分解成三个部分,如下所示:

$$\Delta\sigma = (\Delta\sigma_c^{-1} + \Delta\sigma_h^{-1} + \Delta\sigma_i^{-1})^{-1} \tag{2.5}$$

其中,$\Delta\sigma_c$ 表示 ICP 链内传导率的改变;$\Delta\sigma_h$ 表示在薄膜上电子通过聚合链调节的内部分子传导率的改变;$\Delta\sigma_i$ 是吸收气体后聚合链之间离子传导率的改变。$\Delta\sigma_i$ 的值不仅仅是离子漂移浓缩作用的结果,它还可能跟质子隧道率有关。这些物质的传导率改变与否,取决于分析气体的密度对传感器的作用是不是线性的,也取决于 ICP 内部特殊的转换机制。

图 2.5 给出了本征导电聚合物嗅觉传感系统对某种酒类的测试响应曲线。横坐标表示采样点的序号,纵坐标表示阵列的响应,数据以信号量化后所得的量化电平数表示。

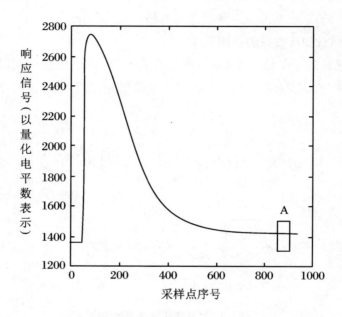

图 2.5　ICP 传感器阵列对某种酒类的测试响应曲线

由图可以看出,气敏传感器对气体的响应可以用时间域上的函数来描述。但是,这一函数并不像后续的模式识别方法所要求的那样是一个确定性函数。相反,由于器件漂移和进样的不一致性等因素,气敏传感器对气体的响应只能看作一个时间域 T 上的随机过程,记作

$$\{\xi(\omega, t), t \in T\} = \{f(\omega, t) + \eta(\omega, t), t \in T\}, \quad \omega \in \Omega \quad (2.6)$$

其中,Ω 为样本空间,$f(\omega, t)$ 为传感器的理论响应函数,$\eta(\omega, t)$ 为各种噪声和干扰的综合结果。

2. 聚合物聚吡咯(polypyrrole)的特性比较

在嗅觉传感器的设计中,聚吡咯是一种很有潜力的聚合物。这种物质的不同化学性质可以通过掺杂离子和改变聚合状态来实现。通过使用多个不同的以聚吡咯为基础的传感器就可以将化学性质类似的气体分析物进行分类。表2.2列举了一个由不同聚合类传感单元检测气体时输出参数的变化情况。

表 2.2 不同聚合类传感器检测气体时的输出参数

传感器序号	聚合物系统	单体浓度/(mol/dm^3)	电解液浓度/(mol/dm^3)	溶解物质	上升电压	最终电压	电阻/Ω
1	PPy-BSA	Py0.1	0.1	H_2O	0.85	0.00	1650
2	PPy-PSA	Py0.1	0.1	H_2O	0.85	0.00	193
3	PPy-HxSA	Py0.1	0.1	H_2O	0.85	0.00	27
4	PPy-HpSA	Py0.1	0.1	H_2O	0.85	0.00	16
5	PPy-OSA	Py0.1	0.1	H_2O	0.85	0.00	35
6	PPy-DSA	Py0.1	0.1	H_2O	0.85	0.00	37
7	PPy-TSA(Na)	Py0.1	0.1	H_2O	0.80	0.00	19
8	PPy-TSA(m)	Py0.1	0.1	EtOH	1.20	0.00	70
9	PPy-TEATS	Py0.1	0.1	H_2O	0.75	0.00	34
10	PPy-TEATS	Py0.1	0.1	PC	1.10	0.00	37
11	PAN-NaHSO₄	AN0.44	0.1	H_2O	0.90	0.00	44
12	P3MT-TEATFB	3MT0.1	0.1	CH_3CN	1.65	0.00	13

表 2.2 中组成 ICP 传感器阵列的 12 个传感器单元,各聚合物系统中各英文缩写的具体含义分别为:PPy 是聚吡咯,BSA 是丁烷酸,HxSA 是己烷酸,HpSA 是庚烷磺酸基酸,OSA 是辛烷磺酸基酸,DSA 是癸烷酸,TSA(Na)是 P 型甲苯酸钠盐,TSA(m)是 P 型甲苯酸一水化合物,TEATS 是四乙胺甲苯磺酸盐,PAN 是聚乙烯,NaHSO₄ 是钠氢硫酸盐,P3MT 是聚合 3 甲基,TEATFB 是四乙胺,Py 是吡咯,AN 是苯胺,3MT 是 3 甲基,EtOH 是乙醇,PC 是乙烯碳酸盐,CH_3CN 是氰化甲烷。12 个单元中,有 10 个单元是由聚吡咯构成的,它们用来产生不同的补偿离子和不同的聚合条件,而第 11 和第 12 单元则是由聚乙烯和聚乙烯膜构成的。

3. 导电聚合物传感器的应用及优势

导电聚合物材料的出现为现代传感器的设计制作提供了新的思路,特别是在生物传感器和气敏传感器方面具有广阔的应用前景。本征导电聚合物(ICP)已经达到了可以商用的阶段,英国的 Aromascan Plc、法国的 Alpha MOS、德国的 Airsense 3 家公司已经开始出售这类传感器。以 Alpha MOS 公司的 FOX5000 为例,它包含了 4 组传感器阵列,每组阵列有 6 个传感器(可以是 MOS、CPI、QCM 及温度和湿度传感器),带有自动的进样系统,通过与计算机联用,提供了强大的分析识别能力,可以在几分钟内客观地描述固态、液态和气态样本,然后通过和训练得到的"指纹"数据库比较,可以得到和人工方法相似的鉴定结果。和人工相比,它减少了工作量,改善了处理能力,而且大大降低了生产过程各个阶段的样品消耗。

在气体检测上,采用 ICP 传感器有以下潜在优势:

(1) 不同单晶体类型对应不同的电化学和聚合化作用,通过管理聚合物的外在条件和补偿离子浓度就可以稳定改变传感器的敏感性。

(2) 在聚合物发生沉淀作用之后,其氧化状态发生改变,就会使聚合物的电子变得和所检测的样品相兼容,这就是理想的离子转换作用的发生过程。

(3) 利用从溶液中形成薄膜的方法可以很容易地制作这类传感器,材料成本低廉能使这类传感器更加小型化。

(4) 酶、抗体和细胞这类生命物质也可以稳定地合成到这些传感器的结构当中,在室温下也能很容易地获得反馈信号。

(5) 有机导电聚合物气敏传感器能在低温下工作。

2.2.3　石英晶体微天平气敏传感器

1. 石英晶体微天平气敏传感器简介

石英晶体微天平,简称 QCM,是一种非常灵敏的质量检测仪器,其测量精度可达纳克级,比灵敏度在微克级的电子微天平高 100 倍,理论上可以测到的质量变化相当于单分子层或原子层的几分之一[3,4]。石英晶体微天平利用了石英晶体谐振器的压电特性,将石英晶振电极表面质量变化转化为石英晶体振荡电路输出电信号的频率变化,然后通过计算机等其他辅助设备获得高精度的数据。

石英晶体微天平最基本的工作原理是石英晶体的压电效应:石英晶体内部每个晶格在不受外力作用时呈正六边形,若在晶片的两侧施加机械压力,就会使晶格的电荷中心发生偏移而极化,进而在晶片相应的方向上产生电场,称之为正压电效应;反之,若在石英晶体的两个电极上加一电场,晶片就会产生机械变形,这种物理现象称为逆压电效应[5]。将压电晶体沿适当角度切割加工成薄片,在两面镀上电极,即可利用正/逆压电效应。通过对电极施加交变电压,晶片就会产生机械振动,同时晶片的机械振动又会产生交变电场。在一般情况下,晶片机械振动的振幅和交变电场的振幅非常小,但当外加交变电压的频率为某一特定值时,振幅则会明显加大,这种现象称为压电谐振。它其实与 LC 回路的谐振现象十分相似:当晶体不振动时,可把它看成一个平板电容器(称为静电电容)C,一般约几个 pF 到几十

pF；当晶体振荡时，机械振动的惯性可用电感 L 来等效，L 的值一般为几十 mH 到几百 mH。由此就构成了石英晶体微天平的振荡器，电路的振荡频率等于石英晶体振荡片的谐振频率。由于晶片本身的谐振频率基本上只与晶片的切割方式、几何形状、尺寸有关，而且可以做得非常精确，因此利用石英谐振器组成的振荡电路可获得很高的频率稳定度[5]。如图 2.6 所示。

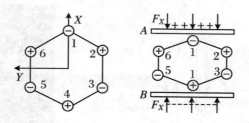

图 2.6　石英晶体的压电效应

2. QCM 气敏传感器的结构

QCM 气敏传感器主要由石英晶体谐振器、信号检测和数据处理等部分组成。

在石英晶体中选取一定的切割方向将石英晶体切成薄片，经过加工后在薄片的两边采用真空镀膜或真空溅射的方法镀敷电极，即可得到石英晶体谐振器。

按照与晶轴切割角度的不同，石英晶体谐振器主要分为 AT 切型、BT 切型、CT 切型等几大类。因为 AT 切型压电石英晶体具有零温度系数点，且零温度系数点大致落在大气环境温度的范围内，所以 QCM 气敏传感器一般采用该种石英晶体谐振器。

从一块石英晶体上沿着与石英晶体主光轴成 35°15′ 角的方位进行切割（AT-CUT），可以得到石英晶体振荡片。然后在它的两个对应面上涂敷金、银或者铂层作为电极，石英晶体夹在两片电极中间，就可形成"三明治"结构。利用正/逆压电效应，通过对电极施加交变电压，晶片就会产生机械振动，同时晶片的机械振动又会产生交变电场，交变电场使声波从石英晶体的一面传递到另一面。

在谐振器表面制备一层对气体分子有选择性吸附性能的敏感膜，当谐振器与被测气体接触时，由于敏感膜的特异性吸附，被测气体中的待测气体分子被吸附到谐振器表面，导致谐振器产生质量改变，从而导致谐振器谐振频率变化，通过检测频率的变化，就可以得到待测气体的信息。如图 2.7 所示。

3. QCM 气敏传感器的工作原理

利用石英晶体微天平的质量敏感型传感器诞生于 1959 年。Sauerbrey 以各向同性无穷大平板模型为基础，给出了厚度剪切谐振器的谐振频率偏移与表面质量变化之间的关系[6]。这一公式很快被用到石英晶体谐振器的质量敏感特性分析上,迄今仍然被大部分实验研究所遵循。具体来说,对于 AT 切型或 BT 切型的厚度剪切式石英晶体微天平,其频率偏移量与其电极表面附着质量之间的关系为

$$\Delta f = - \frac{2 f_0^2 \Delta M}{A (\rho_q \mu_q)^{\frac{1}{2}}} \tag{2.7}$$

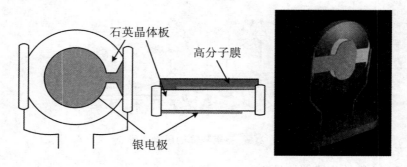

图 2.7 石英晶体微天平气敏传感器的构造

该式称之为 Sauerbrey 方程。其中,f_0 是石英晶体微天平的基频,ΔM 是谐振器的质量改变量,ρ_q 是石英晶体密度,μ_q 是剪切模量,A 为石英晶体的反应面积。对于石英晶体来说,ρ_q 为 2.648 g/cm^2,μ_q 为 2.947×1011 g/(cm·s^2),于是式(2.7)可写为

$$\Delta f = - 2.26 \times 10^{-6} \frac{f_0^2 \Delta M}{A} \tag{2.8}$$

其中频率的单位为 Hz,质量的单位为 g,面积的单位为 cm^2。

由 Sauerbrey 方程可知,要选择性地检测某分析物,首先要在压电石英电极表面涂覆一层具有高特异性的感应分子薄膜,然后置于含有分析物的测试环境之中,使分析物亲和吸附于感应电极表面,最后由电极振动频率变化值就可以推导出被分析物的质量。

例如,对于基频为 8 MHz 的石英晶体微天平,若电极直径为 4 mm,则 1 μg 的质量变化将引起的谐振频率改变为

$$\Delta f = - 2.26 \times 10^{-6} \times \frac{(8 \times 10^6)^2 \times (1 \times 10^{-6})}{\pi (2 \times 10^{-1})^2} \approx - 1151 \,(\text{Hz}) \tag{2.9}$$

若频率测量精度达到 1 Hz,则可通过测量频率检测到纳克级的质量变化。一般来说,若频率测量精度足够高,对表面质量变化的分辨率可达到 10^{-12} g 量级。这就是该器件被称为石英晶体微天平的原因。

器件涂覆敏感膜时,由敏感膜质量引起的频率变化 Δf_s 则可表示为

$$\Delta f_s = -2.26 \times 10^{-6} \frac{f_0^2}{A} m_s \tag{2.10}$$

式中 m_s 是所涂覆的敏感膜的质量。

同样的气体吸附在敏感膜上引起的频率变化为 Δf_v:

$$\Delta f_v = -2.26 \times 10^{-6} \frac{f_0^2}{A} m_v \tag{2.11}$$

式中 m_v 是敏感膜上吸附的气体质量。

将式(2.10)与式(2.11)相除可得

$$\Delta f_v = \frac{m_v}{m_s} \Delta f_s \tag{2.12}$$

吸附在敏感膜上的气体质量 m_v 与气体在敏感膜上的质量浓度(C_s)以及涂覆的敏感膜体积 V_s 有关:

$$m_v = C_s V_s \tag{2.13}$$

涂覆的敏感膜质量可以表示为

$$m_s = \rho_s V_s \tag{2.14}$$

其中 ρ_s 是敏感膜的密度。结合式(2.13)可得

$$\Delta f_v = \frac{C_s}{\rho_s} \Delta f_s \tag{2.15}$$

敏感膜与气体分子相互作用的程度可以由分配系数 K 来表示[7],其定义为被检测气体在敏感膜固相中质量浓度 C_s 和在气相中质量浓度 C_v 之比,即

$$K = \frac{C_s}{C_v} \tag{2.16}$$

K 越大,敏感膜和气体分子之间的吸附作用越强。

结合前面几个式子可得

$$\Delta f_v = \frac{K C_v}{\rho_s} \Delta f_s \tag{2.17}$$

因此如果已知敏感膜与气体分子相互作用的分配系数 K、气体在气相中的质量浓度 C_v、敏感膜的密度 ρ_s 以及涂膜前后的频率变化 Δf_s,就可以预测 QCM 气敏传感器的气敏响应 Δf_v。也可以在已知 Δf_v 的情况下,测量气体的浓度 C_v,还可以推导确定的敏感膜和气体分子的分配系数 K。

2.2.4 声表面波气敏传感器

声表面波(SAW)是指在压电固体材料表面产生和传播,且振幅随深入固体材

料的深度增加而迅速减小的弹性波。与沿固体介质内部传播的体声波（BAW）比较，SAW 有两个显著特点：一是能量密度高，其中约 90% 的能量集中于厚度等于一个波长的表面薄层中；二是传播速度慢，约为纵波速度的 45%，横波速度的 90%，在多数情况下，SAW 的传播速度为 3000～5000 m/s[5]。

1. 声表面波（SAW）气敏传感器的工作原理

SAW 气敏传感器阵列可以把某一特定的气体成分识别出来，并检测出它的浓度。该传感器可以应用到生活中的很多方面。

SAW 气敏传感器的基本工作原理是：待测气体吸附在敏感薄膜表面，从而使得在薄膜表面传播的 SAW 的波速发生变化，而 SAW 的传播速度相对电信号更加容易分析其特性，所以只要能对 SAW 的传播速度做深入分析就可知气体的特性[8]。

在膜厚均匀的条件下，外界因素与声表面波的传播速度的关系可以用以下公式表示：

$$\Delta v = \frac{\partial v}{\partial m}\Delta m + \frac{\partial v}{\partial c}\Delta c + \frac{\partial v}{\partial \sigma}\Delta \sigma + \frac{\partial v}{\partial \varepsilon}\Delta \varepsilon + \frac{\partial v}{\partial T}\Delta T + \frac{\partial v}{\partial p}\Delta p + \varphi \quad (2.18)$$

式中，m 代表敏感薄膜的质量，c 为敏感薄膜的弹性系数，σ 为敏感薄膜的电导率，ε 为薄膜的介电常数，T 为温度，p 为压力，φ 为其他因素带来的影响。

敏感薄膜吸附的气体分子改变了薄膜的质量和其他特性，从而导致 SAW 传播速度改变，SAW 传感器的谐振频率也将发生改变。声电效应是指薄膜的电导率变化导致 SAW 波速变化和衰减。黏弹性效应是指 SAW 传播路径上覆盖的薄膜（尤其是聚合物）的机械特性由于 SAW 的传播而改变[9,10]。

声表面波的波速与上述三种效应的关系可用式（2.19）表示：

$$\frac{\Delta v}{v_0} = -c_m f_0 \Delta\left(\frac{m}{A}\right) + 4c_s \frac{f_0}{v_0^2}\Delta(hG') - \frac{\varphi^2}{2}\Delta\left(\frac{\sigma_0^2}{\sigma_0^2 + v_0^2 C_0^2}\right) \quad (2.19)$$

由上式可知，SAW 传感器表面涂覆的敏感薄膜吸附的气体分子会引起 SAW 传感器振荡频率的变化，且频率的改变跟吸附的气体质量成正比。当吸附的气体质量达到一定值时，SAW 传感器的振荡电路将停止工作，这也是我们应尽量将敏感薄膜做厚一些的原因，且它带来的插入损耗比较小。在检测出 SAW 传感器的谐振频率的变化量后，就可以通过换算得出吸附的气体分子质量，再通过气体流量进行计算，气体浓度和频率变化的关系就可以知道了。

SAW 的衰减与涂覆在传感器表面的敏感薄膜的电导率、黏弹性的关系可用下式表示：

$$\frac{\Delta\alpha}{\kappa} = 4c_{\mathrm{s}}\frac{f_0}{v_0^2}\Delta(hG'') + \frac{\varphi^2}{2}\Delta\left(\frac{\sigma_0^2}{\sigma_0^2 + v_0^2 C_0^2}\right) \tag{2.20}$$

式中，κ 为波数，G'' 为剪切模量的虚部。

但是，在实际中测量 SAW 的波速并不是一件简单的事情。为测量 SAW 的波速，我们可以测量 SAW 传感器的谐振频率，然后通过 SAW 的波速与谐振频率之间的关系式算出 SAW 的波速。式(2.21)描述了 SAW 的波速与谐振频率之间的关系：

$$k\frac{\Delta v}{v} = \frac{\Delta f}{f} \tag{2.21}$$

式中，k 为一个与中心距有关的常数。

对于 ST-切割石英晶体，在忽略黏弹性作用的情况下，声表面波气敏传感器的频率与吸附的气体质量的关系可用下式表示：

$$\Delta f = -2.26\times10^{-6}\frac{f_0^2}{A}\Delta m \tag{2.22}$$

SAW 气敏传感器的谐振频率都很高，一般为几百兆，有的甚至达到 2～3 GHz。与几 MHz 到几十 MHz 的石英晶体微天平(QCM)气敏传感器相比，由于基频大了很多，所以声表面波气敏传感器的精度要比 QCM 气敏传感器高几个数量级。但是，由于声表面波气敏传感器的基频太高，由此带来的电磁兼容问题也比较麻烦，所以对电路的设计提出了很高的要求[11,12]。

2. SAW 气敏传感器的结构

一个完整的 SAW 气敏传感器一般包括 4 个部分：叉指电极、压电基底、声表面波和敏感薄膜[13]。

（1）叉指电极

叉指电极又称作叉指换能器，它是在压电材料表面形成的像两只手的手指交叉形状的金属图案[14]。White 和 Voltmer 于 20 世纪 70 年代中期设计出了叉指电极的结构，并用来激励和检测 SAW[15]，这为后来声表面波技术的发展奠定了基础。叉指电极的基本结构如图 2.8 所示。

叉指电极由交叉排列的电极组成，在彼此相邻的电极上加上适当频率的电信号时，电极之间就会产生交变电场[16]。叉指的基底材料是压电材料，在该电场的作用下，由于逆压电效应，电信号被转换为声信号。这个声信号包括在压电基片表面传播的声表面波和在压电基片内部传播的体声波。在实际应用中，应该尽量减少体声波的能量，使得 SAW 的能量最大，从而提高器件的频率响应和利用效率[17]。在基片的另一端,当声表面波到达时,SAW 和压电材料产生的压电效应,使得 SAW 激发的电场被叉指电极接收,从而最终实现电信号—声信号—电信号的转换[18]。

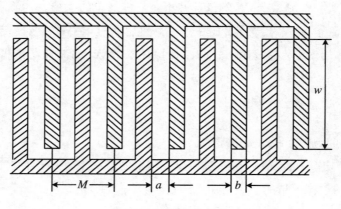

图 2.8 叉指电极

在图 2.8 中,a 代表叉指间距,b 代表叉指宽度,w 代表了叉指重叠的长度,一般称作指长。只有在指长的范围内才能激励产生声表面波,指长决定了 SAW 的波束宽度,它与声脉冲的幅值成正比,也就是说重叠长度越长,激励的声表面波越强烈。由于叉指呈周期性交互排列,所以每对叉指激励的 SAW 呈周期分布,在基片表面传播的 SAW 是每对叉指激励的 SAW 的叠加。当外加电信号的频率与叉指激发的声波频率相同时,每对叉指激励的 SAW 相位一样,这时叠加起来的 SAW 能量将最强。这个频率可以通过以下关系式算出:

$$f = \frac{v}{\lambda} = \frac{v}{2(a + b)} \tag{2.23}$$

式中 v 为 SAW 的传播速度,一般叉指电极的设计都是以此为依据的。

(2)压电基底

用于声表面波器件的压电材料主要有压电单晶体、压电薄膜和压电陶瓷[19]。

① 压电单晶体

a. LiNbO₃

LiNbO₃ 具有很大的机电耦合系数,传输损耗小,只需要很少的叉指就可以激发出很强的声表面波。它的缺点是温度效应明显。

b. 石英

石英(SiO_2)是一种天然的晶体,在很宽的温度范围内,它的压电系数随温度的变化很小,AT 切向的石英晶体的温度系数为零。石英晶体具有很多优点,它不需要进行人为的极化,它的介电常数随温度变化极小,且具有很高的机械强度和电绝缘性。但是石英晶体也有明显的缺点,即它的机电耦合系数太小。

② 压电薄膜

一般用作压电薄膜的材料有 ZnO、KNbO₃ 等。由于在成膜过程中是按一定的取向的,所以不需要后续的定向、切割、研磨、抛光等工艺[20]。使用同种材料的压电薄膜制成的 SAW 器件,一旦薄膜的厚度或衬底材料不一样时,SAW 的传播速度、SAW 器件的频率等器件特性也将发生改变。

③ 压电陶瓷

压电陶瓷材料种类特别多,其中的代表是 PZT。PZT 压电陶瓷性能稳定,用它制作的 SAW 器件温度稳定性好、机电耦合系数高[21]。但是由于陶瓷材料自身具有多孔、不均匀等劣势,使得它的应用范围大大缩小。

(3) 声表面波

声表面波包括瑞利波、拉姆波、乐甫波等,下面对这 3 种波做简要介绍。

① 瑞利波

瑞利波是一种偏振波,它沿半无限弹性介质表面传播,是一种常见的界面弹性波。因为该波是由瑞利于 1887 年首先提出的,所以命名为瑞利波。在地震学中,这种波被称作 L 波或 R 波。在传输过程中的介质表面,质点的运动轨迹呈椭圆形;在距离介质表面 0.2 个波长深度的范围,质点的运动轨迹仍然呈椭圆形,但质点运动方向却与介质表面的质点运动方向相反。瑞利波的传播速度与频率无关,只与介质物理特性有关,其速度一般为相同介质材料中横波传播速度的 0.862～0.955 倍[22]。

② 拉姆波

拉姆波的振动形式比较特殊,质点的运动和瑞利波比较相似,也有表面平行压缩和表面垂直剪切两个分量。拉姆波的透射深度为几个波长,其波速与基底的厚度成反比,并与它的角频率有关,所以拉姆波具有色散性。

③ 乐甫波

20 世纪 20 年代初期,乐甫发现当把一层体剪切波速较小的材料覆盖到半无限弹性表面时,在弹性表面可以传播两种形式的波:一种是广义的瑞利波,另一种则是乐甫波[23]。乐甫波的质点运动方向与表面平行,并与传播方向垂直。它的波速不仅与介质材料有关,而且与频率也有关系,所以乐甫波也是一种色散波。

表 2.3 中给出了以上 3 种波的性能比较。

表 2.3　3 种声表面波的比较

类型	灵敏度	工作环境	器件可靠性	工艺复杂性
瑞利波	高	气体	高	低,平面工艺
拉姆波	高	气体、液体	低	高,平面工艺
乐甫波	高	气体、液体	高	中,平面工艺

（4）敏感薄膜

SAW 传感器对敏感薄膜的质量要求比较高。如果成膜效果不好,会直接造成 SAW 器件的插损增大,致使 SAW 传感器振荡电路不能起振,检测电路无法正常工作。一般用来检测有机蒸气的聚合物敏感薄膜的厚度在 10 nm 数量级,并且敏感薄膜应该尽量的平滑,以减少 SAW 的散射,提高振荡电路的稳定性,这对传感器灵敏度的提高有很大帮助。由于聚合物敏感薄膜对被检测气体分子一般为体吸附的形式,所以 SAW 传感器的灵敏度与敏感薄膜的厚度成正比关系,膜越厚,在相同的时间内吸附的气体就越多。但是薄膜不能太厚,因为薄膜厚度的增加会使得 SAW 器件的插入损耗增大。

聚甲基-{3-[2-羟基-4,6-二(三氟甲基)]苯基}-丙基桂氧烷(poly{methyl[3-(2-hydroxy1,4,6-bistrifluoromethy1)pheny1]propylsiloxane},简称 DKAP,属于聚桂氧烷类材料)[24]、乙基纤维素(ethyl cellulose)、聚环氧氯丙烷(PECH)用于检测有机挥发性气体(VOCs),聚乙烯亚胺(PEI)用于检测环境湿度,以上聚合物被广泛用于制作 SAW 气敏传感器的敏感薄膜。它们的性质差异很大,表2.4 对比了这几种材料的性质。

表 2.4　几种敏感材料的特性

敏感材料	用途	状态（常温下）	有无固定形状	使用的溶剂
DKAP	检测有机挥发性气体	橡胶态	无	有机溶剂（氯仿）
乙基纤维素	检测有机挥发性气体	玻璃态	无	有机溶剂（氯仿）
PECH	检测有机挥发性气体	橡胶态	有	有机溶剂（氯仿）
PEI	检测环境湿度	橡胶态	无	水

2.2.5　光纤气敏传感器

由于光纤气敏传感器具有常规气敏传感器无法比拟的体积小、重量轻、灵敏度高、结构灵活、抗电磁干扰等优点,近几年来备受关注[25]。

1. 光纤气敏传感器的工作原理

光纤气敏传感器是通过测量与被测气体有关的光学特性、光学现象来推算气体种类和浓度的一类传感器。在这类传感器中,光纤本身可以作为传感元件,比如某些具有特殊包层和涂覆层的光纤,它的折射率或其他光学参数会随着气体种类和浓度的变化而变化,因而可以通过观测光学参数的变化进而推测出气体的种类和浓度。还可以将光纤连接于某种结构比如气室上,当光通过装有待测气体的气室后,我们可以通过检测光强的变化来判断气体的种类和浓度。

2. 光纤气敏传感器的几种类型

(1) 光谱吸收型光纤气敏传感器

石英光纤低损耗窗口的光波波段为 $0.8 \sim 1.7\ \mu m$,这一波段的光源和光学器件都是比较理想的光电器件,很多常见气体在该波段都会有吸收,通过检测光经过气体后产生的衰减,我们就可以反推出气体的浓度[26,27]。工业上常见的需要检测的气体比如一氧化碳、甲烷、乙炔、氮氧化物、二氧化碳等气体,在 $0.8 \sim 1.7\ \mu m$ 波段都有吸收谱线,因此使用光谱吸收方法可以对很多种类的气体浓度进行较高精度的测量。常见的有害气体在近红外波段的吸收谱线见表 2.5。

表 2.5　常见的有害气体在近红外波段的吸收谱线

气体名称	吸收线波长/μm
一氧化碳	1.567
二氧化碳	0.8
甲烷	1.33, 1.66
乙炔	1.53
氨气	1.554
硫化氢	1.578

(2) 光纤荧光气敏传感器

气体的浓度会导致光学材料的荧光辐射发生改变,因此我们可以通过测量这种改变来确定气体的浓度[28]。但是由于气体浓度引起的荧光辐射变化非常微小，因此传感器获得的信号很微弱，这就需要高精度的微弱信号检测系统，由此导致检测成本非常高昂。基于上述原因，这类传感器不适用于工业化气体的检测。

（3）渐逝场型光纤气敏传感器[29]

当光纤附近有气体包围时，光通过气体后产生吸收峰，光纤界面的渐逝场会因为气体的吸收峰而衰减，因此可以通过检测渐逝场的衰减程度来反推气体的浓度。光纤本身在这里作为传感器件。

（4）染料指示剂型光纤气敏传感器

某些特殊染料会和气体发生化学反应，并通过化学反应改变染料的某些光学性质，可以通过检测染料的某些光学性质的变化，来获取气体的相关浓度和种类的信息。这种传感器结构简单，使用方便，但是当几种被测气体的化学性质近似时，就无法区分不同种类的气体。

（5）折射率光程变化型光纤气敏传感器

在光纤包层和涂覆层涂上对气体敏感的物质，这些物质会由于气体浓度的改变而导致光学参数的改变，比如折射率或光学损耗会发生变化，通过测量光学参数的变化，我们可以反推出气体的种类和浓度[30]。这类传感器结构简单，成本低，但是对制造工艺有着极高的要求，因此限制了其在工业化气体检测上的推广。

3．光纤气敏传感器的优势

相较于各种传统的气敏传感器，光纤气敏传感器的优势在于：

（1）光纤传感系统在工作中不产生电火花，因此适合检测易燃易爆气体。此外，光纤的材质是石英，而石英材料具有优良的电绝缘性和耐腐蚀性，因此光纤气体传感系统非常适用于易燃和强电磁干扰的工作环境。

（2）工业气体检测大都需要检测有毒有害气体，传感器大都工作在恶劣、危险的环境中。使用光纤气体传感系统，可以将传感头埋在恶劣工作环境中，然后通过光纤将传感信号传输至远距离的地方，从而实现安全的遥控检测。

（3）光纤气敏传感器的浓度测量范围从万亿分之一到几百 ppm，可以测量的气体种类多种多样，测量的精度也优于传统的气敏传感器。

（4）光纤气体传感系统的使用寿命长，能在较长时间内连续稳定地工作。

（5）光纤气体传感单元即传感头的结构非常简单，而且在使用过程中性能稳定。在实际的工业气体检测中，往往需要多点检测和多种气体检测。光纤本身在传感系统中既可以作为传感装置，又可以作为传感器输出信号的传输线，而且光纤系统易于成网。利用时分复用技术、空分复用技术、波分复用技术可以将多点的测试系统组成大的传感网络,通过共用相同的光源和光电检测设备来降低工业化气体检测的成本。

2.2.6　场效应管气敏传感器

1. 场效应管气敏传感器简介

以钯栅氢敏场效应晶体管(Pb‐MOS‐FET)的问世为先导,其他类型的气敏器件相继研制成功并付诸应用。随着对气敏机理研究的不断深入,场效应气敏传感器的质量在近二十余年来有了很大提高。一些商品化气敏器件已用于一些专用设备,如工业系统检漏控制的监视器、涡轮机燃烧状况的检测设备等。值得一提的是,Pb‐MOS‐FET 对分子尺寸较小的 H_2 有着较高灵敏度,并已用于无害无爆炸痕量 H_2 的检测[31]。

2. 场效应管气敏传感器的工作原理

被检测气体分子在金属‐绝缘层或金属‐半导体界面产生碳化现象,从而使场效应气敏器件(FET、MIS 电容或肖特基二极管)的电学特性沿电压轴发生变化。对于早期的氢敏 Pb‐MOS‐FET(或电容器),这种极化现象是由于 H_2 分子在 Pb表面离解成 H 原子进入 Pb‐SiO_2 界面而引起的,如图 2.9 所示,图中 Ha 为吸附氢,Hi 为界面氢[31]。

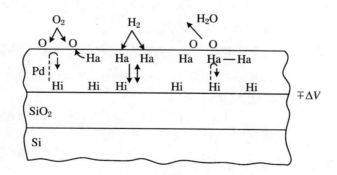

图 2.9　钯栅场效应器件氢敏原理模型

Pb‐SiO_2 系统氢原子的能量分布如图 2.10 所示。由图 2.10 模型可得电压移动量为

$$\Delta V = \Delta V_{\max}\theta \tag{2.24}$$

式中,ΔV_{max} 是电压变化的最大值;θ 是 Pb‐SiO$_2$ 界面 H 的覆盖系数,有

$$\theta = T\sqrt{P_{H_2}}/(1 + T\sqrt{P_{H_2}}) \tag{2.25}$$

在含氧气氛(空气)和惰性气体气氛中的实验结果与式(2.25)较为相符。

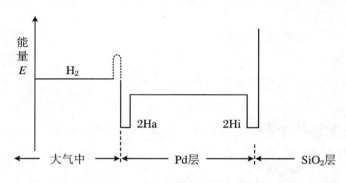

图 2.10 Pb‐SiO$_2$ 系统 H 能量分布

ΔV_{max} 约为 0.5 V 数量级。在 150 ℃ 含 1 ppm H$_2$ 的空气中,ΔV 约为 25~50 mV,甚至能检测到惰性气氛中含量小于 1 ppb 的氢,说明 Pd 栅场效应器件对 H$_2$ 有较高灵敏度。除 H$_2$ 外,其他含 H 的分子也能用 Pd 栅器件检测,其原理是含 H 分子在 Pd 表面发生脱氢反应,释放出的 H 原子穿过栅金属层输运到金属‐SiO$_2$ 界面。这一过程适用于酒精、硫化氢、乙烯、乙炔等气体,不适用于氨气和胺。是否 发生脱氢反应,对不同的分子取决于不同的阈值温度。因此,改变 Pd 栅器件灵敏 度模式可通过调整工作温度来实现。得到经验方程(2. 25)的主要假设是:H$_2$ 分 子离解需要在 Pd 表面有两个相邻的空位,从 Pd 体内逸出的氢受到吸附氧、OH 团 以及具有类似 H 吸附态的界面和表面的阻挡。

然而,实验表明,脱氢反应要比图 2.9 描述的过程复杂得多。根据超高真空系 统中较大压强范围内的实验结果,我们知道,界面吸附态按吸附能分布,这使得覆 盖系数 θ 与氢分压 P_{H_2} 有较复杂的关系:

$$\theta = T\left[\frac{1}{2}\ln\left(\frac{P_{H_2}}{P_c}\right) + \ln\left(\frac{1-\theta}{\theta}\right)\right] \tag{2.26}$$

式中,T 是温度,P_c 是与温度有关的常数。

式(2.26)说明 θ 在很宽范围内与 $\ln P_{H_2}$ 有关。近来已证明,与界面上一个吸附 氢联系的偶极矩(约 2 Debye)远大于吸附在靠近金属-氧化物界面金属内或部分在 金属内氢原子的预期值。我们已发现,表面上氢吸附态具有恒定吸附热,且小于界 面上最大的吸附热。超高真空系统中的实验表明,Pd 表面的化学反应过程不同于 图 2.9 所示,较准确的描述如图 2.11 所示。氢分子在 Pd 表面离解不需两个相邻

的吸附态,从 Pd 体内逸出的氢原子亦不受吸附氧和 OH 团的阻挡。图 2.11 和图 2.12 所示模型已用来较准确地描述超高真空系统中 Pb‑SiO$_2$‑Si 结构在有氧和无氧气氛中的气敏特性。

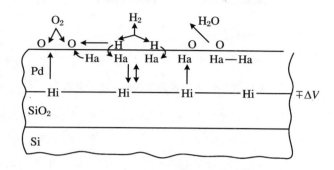

图 2.11　实验得到的氢敏感模型

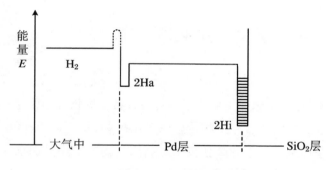

图 2.12　氢吸附能

式(2.26)较好地解释了对空气中氢气的实验结果。

前面曾提到较厚的 Pd 栅器件不能检测氨气分子,然而,若栅催化金属层非常薄以至呈不连续状态,即包含有空洞和裂纹,那么这种器件对氨就有较高的灵敏度。研究发现,发生在薄金属栅上的电极化现象(见图 2.13)对电压变化起一定作用。图中 ΔV_s 和 ΔV_a 是表面吸附和反应产生的,ΔV_i 是吸附氢原子产生的,测量值 ΔV 是不同分量和的加权值。通常用铂(Pt)和铱(Lr)制备不连续栅。不连续薄栅器件不仅可用来检测氨(胺),亦可用于检测在金属薄栅上发生极化的其他分子,如硫化氢、乙炔、氢气等以及在绝缘介质表面引起带电或产生偶极矩的分子。薄金属栅的选择性模式亦不同于厚而连续的金属栅器件。目前还没有建立起关于薄金属栅引起电压变化的完整模型。起初有观点认为,金属晶粒相对半导体表面势变化的电容耦合可能是对氨气灵敏度的一种解释。目前有研究工作指出,绝缘介质表面的电荷(或偶极矩)及金属-绝缘介质界面的氢偶极矩可能是最重要的贡献。

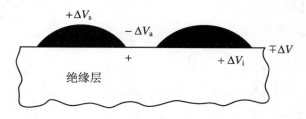

图 2.13 发生在不连续薄金属栅上的极化现象

综上所述,场效应气敏传感器的灵敏度和选择性模式取决于栅催化金属的成分、厚度及器件的工作温度。通过调整器件结构与工作条件,可能改变气敏器件的选择性模式,据此开发的气敏传感器阵列可用于分析复杂的气体混合物。

2.3 生物嗅觉传感器

传统的物理、化学传感器主要用于感受各种特定的物理和化学量,并按一定的规律将其转化为有用的信号。生物传感器是由生物、物理化学、医学、电子技术等多种学科互相渗透成长起来的高新技术。利用生物物质作为识别元件,可以将生化反应转变成可定量的物理、化学信号,从而能够进行生命物质和化学物质的检测和监控。生物传感器与传统传感器的最大区别在于,生物传感器的感受器中含有生命活性物质,它以生物活性材料如酶、抗体、核酸、细胞、组织等作为敏感元件,能检测出与酶、抗体、核酸、细胞、组织等进行交互作用,引起特异性响应的物质。

近年来,随着生命科学、信息科学和材料科学等的发展,生物传感器技术也得到了飞速的发展。在机器嗅觉领域中,生物传感器深受科研工作者的重视。在国内,不少高校(如浙江大学等)和研究所等科研机构都纷纷加入了生物嗅觉传感器的研究队伍,并取得了不小的成果。

2.3.1 生物嗅觉传感器简介

感官评价是评价空气质量、食品质量和化妆品质量等的一个重要参数。通常情况下,气味的感官评价由一组经过专门培训的专家来进行,评价结果根据他们的嗅觉、味觉、经验和心情决定。而检测药物和判断爆炸物时,可以利用经过训练的狗、大鼠等来检测识别。同时,很多科学家已致力于研究用分析仪器替代人类和动物的气味检测。经过不断的研究探索,科学家们找到了一种新的方法:用自然嗅觉受体作为敏感元件来构建生物嗅觉传感器。根据嗅觉受体的药理特征,生物嗅觉传感器能够对微量特定气味进行快速可靠的检测和识别。

根据敏感元件的不同,生物嗅觉传感器可分为三种:基于受体的嗅觉传感器、基于细胞的嗅觉传感器和基于组织的嗅觉传感器[32]。

2.3.2　基于受体的生物嗅觉传感器

通过嗅觉感受神经元的嗅觉受体和不同气味分子的结合,人类和动物的鼻子可以区分不同气味。嗅觉编码的机制非常复杂,因此仅分子结构存在微小区别的不同气味,都能够被识别。

理论上,分子结构的微小变化能够导致可感受气味的显著变化,气味配体和表达在嗅黏膜的嗅觉神经元纤毛上的特定嗅觉受体结合,能检测和区分在化学结构上存在微小区别的气味分子。嗅觉受体属于 G 蛋白耦联受体,激活的受体和 G 蛋白作用,使信号级联传导到嗅球上,进一步处理后,就可将嗅觉信号传到脑皮层。经过这一过程的相互作用后,每一个嗅觉受体能够识别有特定分子特征的气味。气味被这种嗅觉感受元件识别之后,能够被表面等离子共振、石英晶体微平衡或直接电化学的方法测量。为了便于研究离子通道结合受体的情况,研究者们利用六氨基乙酸,例如 C-终端交互受体和 N-终端的内向钾离子通道结合,进行 G 蛋白结合受体的克隆和表达。

生物工程结合受体蛋白和离子通道技术,可以建立一套新的生物分子感受检测技术,从而使得受体结合信息通过电生理参数被检测到。图 2.14 为兴奋细胞离子通道和受体结合过程的示意图。在胞外位点结合配体,跨膜 G-蛋白结合受体(GPCR)激活胞内 G-蛋白(见图 2.14(a))。在胞内结合的受体中,GPCR 附着在离子通道上使受体 C-端和通道 N-端共价结合。配体和 GPCR 结合,使得膜蛋白构形发生改变,这种改变直接引起通道离子流的变化,进而产生通道电流(见图 2.14(b))。在长期的进化过程中,受体和离子通道变得有很强的亲和力和特异性,能够和某些物质产生特异性结合,所以,它们能够被用于环境分析和检测诊断药物筛选中产生的化合物。基于受体的传感器研究用于阐述受体-配体的相互作用非常重要。

尽管科学家们在努力研究嗅觉受体的药理学特征和气味特异性,但直到现在,气味响应特异性只针对少数受体进行了研究。这是因为嗅觉感受神经元主要表达基因组中的单一种类的嗅觉受体,且这种受体表达的研究很难在嗅黏膜上进行。此外,不同细胞系间嗅觉受体的表达也存在一定困难。因此直到现在,大部分嗅觉传感器的研究只利用了少数几种嗅觉受体,例如鼠的 17 受体、人的 OR17-40、线虫的 ODR-10 等。这些受体的气味配体和响应浓度已知,被当作模型证明了基于受体的嗅觉传感器研究的可行性。

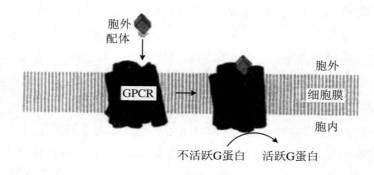

(a) 配体与受体结合

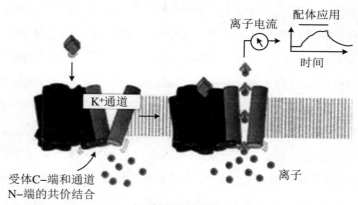

(b) 离子通道开发

图 2.14　受体生物传感器

制作基于受体的嗅觉传感器的最大挑战是提取嗅觉受体并将其固定到传感器表面,它们是 G 蛋白耦联受体,需要细胞膜环境来保持活性。所以,最早的生物嗅觉系统将纤毛直接固定或利用各种完整细胞来表达嗅觉受体。后来发展起来的一种传感器利用了半纯化的嗅觉受体。为制备这种嗅觉受体,我们可以通过简单的吸附方法,将嗅觉受体通过和周围亲水性脂质的相互作用,间接不定向地固定到传感器表面。此外,我们也可以捕捉预先附着在表面的特异受体,并将其固定到传感器表面。因此,当嗅觉受体只有部分表达在膜上时,采用特定受体表达,增加受体表面浓度,并确保表面定向的一致性,可使受体在传感器表面固定更精确。

2.3.3　基于细胞的生物嗅觉传感器

分子生物传感器只对目标分子有响应并有高度的特异性和敏感性。正因为这种高度选择性,有些具有相似功能的相关分子可能无法被分子生物传感器检测到。将活细胞作为敏感元件,构建细胞传感器,就可以克服这些缺点,从而提供更广泛的检测能力。这种传感器不仅能够检测细胞的生理特性,还能检测到许多未知的分子,感受和检测被分析物。

细胞是人体和其他生物体的基本结构单位。生物体内所有的生理功能和生化反应,都是在细胞及其产物(如细胞间隙中的胶原蛋白和蛋白聚糖)的物质基础上进行的。细胞传感器能够检测某些物质的存在,并对检测到的信号做进一步分析从而得出存在物质的浓度,例如,利用带有某些特殊类型受体的细胞传感器,它对特定待测物质的敏感性能通过受体结合常数推断得到,待测物的浓度很容易被检测出。更为重要的是细胞传感器还能检测功能信息,例如,细胞传感器可用于分析药物作用于生理系统上的效果,以及检测和研究第二信使的动作机制。

由于细胞传感器本身具有的优越性,最近几年,基于细胞的嗅觉传感器得到了越来越多的研究。例如,将剥离的牛蛙纤毛固定到压电电极上作为信号转换器,能够检测各种微量水平的气味,这种微量水平已经达到了人类鼻子的阈值。采用场效应晶体管构建的传感器在气体检测中表现出较好的特异性和极高的灵敏度,利用能通过克隆技术表达嗅觉受体 OR17 的 HEK-293 细胞系制作的微平板电极对特殊的嗅觉物质的特异性响应极高,并且可用于特异性嗅觉配体的筛选。培养在光可寻址电位传感器(LAPS)表面的嗅觉感受神经元和嗅球神经元组成的集成仿生系统是一种新型嗅觉细胞传感器系统,如图 2.15 所示。这种设备以嗅觉细胞作为功能单元,通过各种不同的气味分子、化学物质的刺激,记录嗅觉细胞的电化学信号,然后根据信号变化来分析被分析物,极大地提高了传感器检测的灵敏度。

LAPS 是一个表面电位检测器,它利用了半导体的内光电效应,当一定波长的光照射在 LAPS 表面时,半导体吸收能量,进而发生禁带到导带的跃迁,也就是产

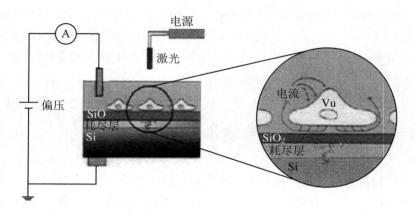

图 2.15 嗅觉细胞传感器

生电子空穴对。在一般情况下,电子空穴对很快地复合,外电路中测不到电流。当在 LAPS 表面施加反向偏压时(N 型硅加正压,P 型硅加负压),半导体中就会产生耗尽层,耗尽层的宽度是表面电位的函数。这些光生载流子对中的一部分总能在未重新复合前到达耗尽层,于是,电子和空穴被耗尽层的强电场分离。LAPS 表面是光滑的平面,培养在 LAPS 表面的嗅觉细胞可以不受空间形状的约束而生长。细胞膜上离子通道的打开会引起 Na^+、K^+ 等离子在通道中的流入和流出,进而引起细胞膜电位的变化。由于细胞膜和 LAPS 表面的贴附作用,膜电位的变化导致 LAPS 表面电势变化,这种变化以光生电流的形式输出。

细胞传感器因其高敏感性、高选择性和快速响应等特性,在生物医学到环境监测等领域都得到广泛应用。但体外培养嗅觉细胞对细胞分离培养技术及细胞存活所需的温度、pH、氧含量等条件有较高的要求,因此,该传感器还需要更深入的研究。

2.3.4 基于组织的生物嗅觉传感器

许多形态和功能相似的细胞,借助细胞间质连接在一起,共同组成生物组织。相比于细胞,组织较大,肉眼可见,容易从生物体上剥离,便于控制且无需体外培养。当细胞存在于三维的组织结构中时,不仅保存了完整的生物功能性,并且更接近于体内环境。组织中细胞能对环境变化做出敏感的响应,并且对外界刺激有好的可重复性和特定的响应信号。将组织用于传感器作为敏感元件,能够指示和被分析物生化反应的结果,提取生物活性和动作机制的信息。

组织传感器可用于临床或非临床研究。大脑通过每次记录一个神经元的响应进行编码,这种依赖于从很多细胞转变动作电位模式的方法会丢失很多编码信息。相比之下,将组织作为敏感元件和被分析物相互作用构成的系统有很多重要的应用,例如,可用于药物活性和毒性的筛选,从环境样品中检测和分离威胁物,从一些相关疾病中提取诊断信息等。但成功制作这些设备有很多技术难关,如组织材料的选择、样品准备、流动学的微流控和亲水特性、对毒性响应的细胞信号传导路径的选择、组织和传感器的耦合、组织的稳定性和寿命以及检测动力学(光学的和电的)等。

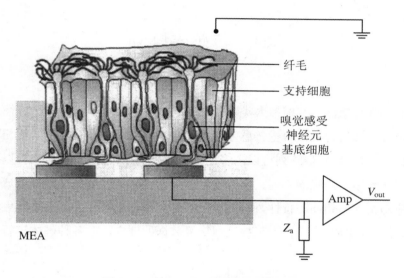

图 2.16　基于 MEA 的嗅觉组织传感器

从生物体剥离的完整的嗅黏膜组织保存了神经元和细胞环境的完整性,能够用于检测外界环境引起的细胞电位变化。嗅黏膜贴附在微电极阵列(MEA)表面,构成嗅觉组织生物传感器,如图 2.16 所示。嗅觉感受细胞在组织中保持完整的功能性,能够对气味刺激做出响应,该响应可以被检测到并以电位的形式输出。

在整个嗅觉系统中,气味感受主要发生在嗅黏膜的纤毛中。而用于传感器和诊断的细胞和组织是决定系统质量、可靠性和精确性的关键。我们可以从动物体上获得原代细胞,这些原代细胞表现出最大的功能完整性及多样性(有年龄、性别、组织分离、准备技术和培养条件等的多样性)。将嗅黏膜组织作为生物嗅觉系统的敏感元件,不仅保持了嗅觉感受神经元的自然状态,保持了嗅觉功能的完整性,而且嗅黏膜组织能用肉眼观察,剥离操作相对简单,易于控制且无需细胞培养的严格条件控制(培养液、pH、温度和消毒等)。嗅黏膜组织能够直接贴附于经过处理的传感器表面构成基于嗅黏膜组织的生物传感器,具有较高的敏感性和特异性。

在研究嗅觉组织生物传感器时,一般选用大鼠的嗅黏膜作为敏感元件,以 LAPS 和 MEA 作为传感换能元件,检测嗅黏膜对气味刺激的响应特性。传感器将这种响应特性转换成能够测量的电信号,并对所测得的信号进行分析处理,就可以得到嗅觉组织生物传感器对不同气味的响应结果。再对这一响应结果进行处理分析,就可以得知气味的种类、浓度等信息。

2.4　传感器阵列

机器嗅觉传感器具有模拟人类鼻子的功能,一般由具有交叉敏感特性的传感器阵列组成。如果说机器嗅觉传感系统是人的鼻子,那么传感器阵列就相当于嗅觉细胞群。通常,传感器阵列可以由多个分立的广谱型传感器组成,也可以采用集成工艺制作专用的传感器阵列。机器嗅觉系统利用各个气敏器件对复杂成分气体都有响应却又互不相同的特性,使阵列输出信号所构成的高维空间蕴涵更加丰富的信息,并借助主成分分析、人工神经网络等数据处理方法对各种气体进行分析和识别。

2.4.1　传感器阵列概述

在机器嗅觉系统的工作过程中,传感器阵列是气体或气味信息的获得者,是机器嗅觉系统的硬件基础。合适的阵列对于提高整个系统的性能至关重要。机器嗅觉系统发展初期,人们认为,只要单个气敏器件的灵敏度高、选择性和重复性好,机器嗅觉系统的性能自然就很高。经过持续不断的努力,目前,单个气敏器件的灵敏度已达到了很高的水平,但其选择性与人们的期望仍存在很大的差距,难以满足准确识别的要求。其实,早在 1984 年,美国人 Stetter 和 Zaromb 就率先提出用不同响应的气敏元件组成阵列进行气体识别和测量,这是气敏传感器应用领域里的一个里程碑[33,34]。

传感器阵列得到使用是由于阵列较之单个的传感器有更多的优点,更能满足实际应用的需求。首先,传感器阵列可以获得更加全面的测试样本的信息。通过同时采用多个材料体系、制作工艺、工作方式相同或不同的传感器构成阵列,可以得到对目标气味或气体各方面特征更全面的描述[35]。其次,只对一种气味有敏感响应的气敏器件几乎是不存在的,即单个传感器的选择性是有很大限制的,一般存在交叉灵敏性且易受环境影响。而对于由多个气敏传感器所组成的传感器阵列,随着数据处理方法的不断优化,单个敏感器件的敏感带宽不再是缺点而是优点。利用传感器阵列形成多维空间的气体响应模式,再结合先进的模式识别方法,整合来自多个部分交叉敏感的传感器的信号,可以得到较高的系统的选择性[36]。再次,采用传感器阵列的机器嗅觉系统中,合适的模式识别算法的使用也能在一定程度上改善机器嗅觉系统的灵敏度和重复性。虽然目前机器嗅觉系统中的数据处理方法还无法与生物嗅觉系统的效果相比,但通过理论和实践上进一步的研究,必定也能对提高电子鼻系统的性能起到重要作用。另外,在机器嗅觉系统的某些应用领域,单个传感器并不能满足用户的要求。例如在食品工业中,有时需要对食品的新鲜度进行判断,而一般食品的气味都是比较复杂的,并且随着时间的推移,食品释放的气味在不断变化,浓度也有所不同。这时,仅靠单一气敏传感器采集的信息不能有效地判断出食品的新鲜程度,而采用可检测不同气体的传感器阵列来采集数据并进行信息融合,则可达到目的[37]。

　　总之,传感器阵列和模式识别方法的结合使用,不仅可以克服单个传感器选择性不好的缺点,降低对敏感元件的要求,还有希望通过合适的数据处理方法提高阵列的灵敏性和重复性,得到关于目标识别物更全面的描述信息,从而可以得到较高的识别正确率,提高机器嗅觉系统的性能,使机器嗅觉系统的应用领域更加广泛。但是必须注意的是,对于传感器阵列而言,敏感元件的重复性和稳定性等性能依然是很重要的。

2.4.2　传感器阵列选型构造原则

1. 传感器阵列的选型原则

　　机器嗅觉系统是通过模拟人和生物的嗅觉功能而实现的,对传感器阵列的要求和一般传感器的要求有很大的区别。气体或气味中化学成分的组成是相当复杂的,例如,白酒香气的化学成分在 200 种以上,卷烟烟气的化学成分竟多达 5000 种。有些化学成分的含量甚微,在 ppm(百万分之一)甚至 ppt(十亿分之一)的数量级。基于上述原因,传感器阵列一般不要求有很强的选择性,但要具有广谱响应的特性,从而让传感器阵列能对宽范围的多种气体成分产生响应,而不仅仅只对一种气体成分产生响应。

在选择传感器阵列时,一般要满足以下要求:

(1)某一传感器对单一气体或气味不需要高度的专一性,而是应该具有广谱响应的特性,但是对特定种类的气味或者气体要有一定程度的择优响应特性。

(2)使用这些响应特性有差别但具有重叠响应特性的非专一性的传感器组合可以获得对特定化学物质的专一性,这样可以得到描述单一化学物质的特征模式。

(3)理想条件下对一种化学物质的不同浓度的响应应该是单调的。

(4)对被测气体的反应应该是快速的和可逆的,而且应该稳定、可靠、重复性好。

(5)传感器产生的信息应该是单调且易于处理的。

(6)传感器阵列不应随环境温度和湿度的变化而变化。

(7)在任何系统中,传感器的尺寸都是相当重要的,如果需要很多的传感器,最好使用集成的传感器阵列而不是由分立元件构成的传感器阵列。

传感器阵列一般都能够满足条件(1)和条件(2),但是不能百分之百满足后面的几个条件。尤其在稳定性和可重复性以及环境温、湿度影响方面,传感器阵列还存在很多问题。各国研究者也在努力研究新的材料,寻找突破口。

2. 传感器阵列构造原则

一个优异的机器嗅觉传感器阵列应能够辨别和测量同时存在的各种气体的类别和浓度。我们可以用对 n 种气体具有广谱性敏感的传感器阵列来完成这种测量过程。如设计由 k 个不同材料或不同结构的传感器组成的阵列,这 k 个传感器的输出特性是各异的,用 $X_1 \sim X_n$ 来表示各个组分气体的浓度,这样,对于每个传感器的输出,可以表达为

$$U_1 = F_1(X_1, \cdots, X_n)$$
$$\cdots\cdots$$
$$U_j = F_j(X_1, \cdots, X_n) \tag{2.27}$$
$$\cdots\cdots$$
$$U_k = F_k(X_1, \cdots, X_n)$$

将系统的信息输出向量 $[U_1, U_2, \cdots, U_k]$ 记为 $\vec{U}$,该方程组对应于一个解集。作为一般的问题讨论,由于这一输出向量是确定的 $[X_1, X_2, \cdots, X_n]$ 的一个非线性

组合,因而问题在于:是否能在已知$[U_1,U_2,\cdots,U_k]$的条件下,求得唯一确定的解$\vec{X}$。

当 $k>n$ 时,方程个数大于变量数,因此解集存在。对于其中任取的 n 个方程,若解唯一存在,且该解对其余未选进的方程也一定成立,在这种情况下传感器的构成是充分且冗余的。该冗余信息经过合理有效的集成融合后,特别是在有误差存在和传感器损坏的情况下,可以起到减少整体不确定性、增加系统抗干扰能力、增加系统可信度的作用。

当 $k=n$ 时,由 k 个方程联立可解出唯一的解。但可解性并不意味着一定有解,因为在变量集当中寻找这一方程组解的难度也相当大。

当 $k<n$ 时,此时的方程组为不定方程组,其解将不唯一。其物理意义是出现了多组 $\vec{X}$ 对应一组 $\vec{U}$ 输出的可能性,因此我们无法从 $\vec{U}$ 反求出 $\vec{X}$,只能得出估计解。

进一步,如果阵列中每一个传感器具有 M 种测试方法(这样就有 $P=kM$ 个模式),传感器工作在线性区且各种气体之间没有相互作用,则前面的表达式可以改写成

$$U_j = \sum_{i=1}^{n} a_{ij}X_i \tag{2.28}$$

对上式求解,就可以知道存在气体的成分及其浓度。

传感器阵列的构造与后续信息处理密切相关,选择适当的传感器阵列可以让我们用简单的模式识别方法就可以检测出待测样本。传感器的选择要考虑到有一定的重叠敏感区又有不同的敏感侧重,因此一个关键的问题是如何确定传感器阵列的个数。下面给出两个总体判定原则:

原则一:所构造的嗅觉系统中各个传感器的输出信息所组成的整体信息应该是完备的。

原则二:所构成的系统中各个传感器的输出信息组成的整体信息应该有一定的冗余。

原则一是所构造的系统有效的必要条件,即所构造的系统有效,则必须满足原则一。原则二是所构造的系统可靠的必要条件,即所构造的系统是可靠的,则必须满足原则二。依据这两条原则,要构造一个有效且可靠的系统,一定要输出足够的传感器信息集合,且信息要有一定的冗余。

传感器阵列具有一定冗余度具有以下好处:

（1）增加系统的可靠性，这对于易老化的传感器尤为重要。

（2）从进一步发展和完善系统的思想出发，有一定冗余度可以使研制过程中改变传感器结构或传感器输出信息处理方式等想法能非常灵活而有效地实现。

（3）从后续应用神经网络处理来看，传感器系统输出的信息含有一定冗余度，可以增加网络的收敛性。

综合上述原则，在构造机器嗅觉传感器阵列时应该考虑的两个问题是：传感器维数和敏感元件的特性。

对于传感器维数，若选择的传感器太少，得到的信息往往也会太少，而气味的组成成分通常比较复杂，因此这将导致传感器的输出信息包含的气味信息并不完备。若选择的传感器太多，传感器的输出模式就会随之大大增加，因为每一敏感元件和相应的放大转换电路都不可避免地存在输入输出特性的变化和零点漂移，所以噪声会随着传感器维数的增加而增大，这会影响真实信号的检出；并且，随着传感器个数增加，传感器的模式也相应地增加，这会给测试带来很大的麻烦，并使系统的响应时间过长，影响系统的实时性。所以在选择传感器维数方面，应该综合考虑。一般要求传感器的阵列维数接近待检测的气体成分数。

对于敏感元件的特性，除考虑稳定性、制造使用方面以及价格因素外，主要应该考虑是否有足够宽的敏感范围，针对待测气体成分是否有一定的选择性和灵敏度。需要指出的是，机器嗅觉传感器阵列的构造并不能完全忽略传感器的选择性。不难理解，性能相关的传感器很难产生互不相关的测试模式。实践证明，多个传感器组成的阵列对特定的气体具有专一性，并且能够识别远远超过传感器个数的气体种类。

表2.6列举了一些商用机器嗅觉系统应用的传感器阵列类型、数量和主要检测对象。

表2.6　一些商品化的机器嗅觉系统

名称	传感器阵列类型	传感器数量	主要检测对象	生产机构和国别
便携式气味检测仪	金属氧化物半导体	6	可燃性气体	美国
电子鼻Fox2000	金属氧化物半导体	12	可燃性气体	Alpha公司法国

续表

名称	传感器阵列类型	传感器数量	主要检测对象	生产机构和国别
模块式传感器系统 MOSES Ⅱ	导电聚合物,金属氧化物半导体,石英晶振	24	橄榄油,有机气体,塑料,咖啡	Tubingen 大学德国
气味警犬 BH114	导电聚合物,金属氧化物半导体	16	可燃性气体	Leeds 大学英国
气味分析系统 Aromascan	导电聚合物	32	食品,化妆品,包装材料	路易发展公司英国

目前在机器嗅觉系统中,金属氧化物半导体敏感材料由于开发较早,对于多种有机气体具有良好的气敏性能,具有对气味灵敏度高、响应范围宽、响应速度快及制作方法简单等优点而得到了广泛应用。随着微电子及微细加工技术的发展,这类材料构成的传感器还具有一致性好、易于小型化及集成的发展潜力。

2.4.3　传感器阵列优化

1. 优化的目的与意义

放弃传统的单个传感器而采用传感器阵列,虽然的确可以弥补单个传感器选择性差的不足,但另一方面也产生了一些问题。

首先,传感器数目增大,将产生两个不利的影响:一是更多敏感元件电路的引入,导致有效信息增加的同时,对最终识别不起作用的冗余信息的含量以及由环境影响而产生的噪声含量也将增加。Göepel 等人[38]通过实验得出:当阵列中全部为单一类别传感器时,若阵列规模增加,增加的该传感器贡献的有效信息量减少,而包含的噪音含量不变。因此,从信噪比角度出发,存在最优的阵列规模。二是传感器阵列获得的数据量增加,也提高了对后续数据处理技术及数据处理能力的要求。因为整体信息量的增加,并不一定意味着信息质量即信噪比的提高,甚至会因其中噪音的增加而使识别判断的准确率降低,导致机器嗅觉系统性能下降。其次,阵列传感器的个数越多,对制作加工工艺的要求就越严格。而且,传感器阵列的维数越大,其电路的设计必定越复杂,由电路引入噪声的可能性就越高。再次,多个传感器的使用,必定会增加机器嗅觉系统的成本。成本的增加会导致机器嗅觉系统的应用领域受到很大的限制,特别是对于民用的、商业化的手持式机器嗅觉系统,是一个非常不利的因素。

因此,尽管关于阵列中传感器是否越多越好的争论还在继续,但目前大多数人已经赞同这一观点:对于每个应用应该有一个最优的阵列规模,而且在不同应用情况中,阵列的规模和传感器类型的选择也各不相同。所以,对某具体应用的机器嗅觉系统的初始传感器阵列进行阵列优化是必要的。这里的阵列优化是指:针对某具体应用,确定气敏传感器阵列最优的阵列规模,并选择此应用下最合适的传感器。其意义在于:一方面可以最大程度地减小传感器阵列的规模,避免由于传感器数量过多而导致后续数据处理中产生"维数灾难"[39];另一方面,阵列的优化也有利于在阵列中剔除冗余传感器,用尽量少的传感器来完成指定的测试任务,以满足传感器阵列微型化乃至机器嗅觉系统微型化的需要[40]。

2. 优化的一般过程

气敏传感器阵列优化的一般过程可分为两个步骤:初始阵列的构造和最终阵列的确定。构造初始阵列的基本方法和原则已经是通用的且已得到一致认可。在初始阵列基础上,通过特征选择可以进一步确定最终的优化的传感器阵列[41]。

(1) 初始阵列的构造

进行阵列优化前,应先构造出一个初始阵列。针对某具体应用而言,在确定气敏传感器阵列时,所选择的传感器应满足以下几个要求:① 气敏传感器应有较高的灵敏度,能够对痕量级的化学成分产生响应。② 单个气敏传感器的选择性不要求很高,以便使气敏传感器的响应为对被测气体的各种成分的综合响应,并且这种综合响应由于各传感器有一定的选择性而表现出不同的特征。③ 传感器的稳定性十分重要,不随环境温度、湿度等的变化而变化。④ 响应速度快且恢复速度快,以提高整个识别过程的速度和使用的重复性。

但是,常用的气敏传感器,如金属氧化物半导体传感器等,满足要求①和②的有很多,能同时满足上述 4 个条件的则很少。对于传感器的稳定性以及其受环境温度、湿度影响的问题,人们通常对这些外在条件进行控制,或用一些辅助或补偿措施来解决。在条件允许的情况下,初始阵列应选择尽可能多的传感器。

(2) 最终阵列的确定

初始阵列确定以后,首先需要进行一系列的样本测试实验,得到阵列中各传感器的样本响应曲线,在对这些实验数据进行预处理的基础上,再筛选初始阵列中的传感器,放弃对判别没有贡献或贡献很小的传感器,从而确定最终的阵列。

数据的预处理过程十分重要,该过程由传感器信息的预处理和阵列信息的预处理构成。阵列信息的预处理包含特征参数提取以及特征选择。特征选择的结果即是一组优化特征参数子集。由于在特定的应用下,所选择的参数与传感器是一体的、相对应的,即某个参数可以代表其对应的传感器,因此,特征参数的优化就是阵列的优化。决定了最优的参数组合,就可以根据这些参数的来源,决定用初始阵列中的哪些传感器来组成最终阵列[41]。

① 特征参数提取

特征选择必须基于选定的一组特征参数进行,这组特征参数构成初始特征集。首先,要在阵列中各个传感器的响应曲线上选取若干个特征参数,这些特征参数应尽可能完全地反映原始曲线的信息,即气体与传感器的响应信息。特征参数过多或过少都不利于提高机器嗅觉系统的性能。Boilot 用一张图形象地说明了特征参数数目对机器嗅觉系统的性能,即分类识别正确率的可能的影响,如图 2.17 所示[41]。

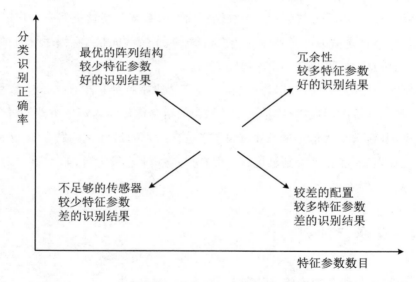

图 2.17　特征参数数目对机器嗅觉系统性能可能的影响

特征参数的选取方法主要可以分为 3 类:选取表达静态信息的参数,选取表达动态信息的参数,以及静态信息和动态信息相结合尽可能表达整体信息的参数。表达静态响应信息的特征参数有曲线的基线值、最值、稳定值、差分、相对差分、最大值与稳定值的差、某时间间隔内最大值与最小值的差与基线值的比、达到最大值时的时间、响应恢复时间等[43]。表达动态响应信息的特征参数有某几个时间点的瞬时值、特定时间间隔内的平均值[44]、开始响应时的曲线斜率、响应阶段斜率的平均值、微分曲线最值、平均微分值[45]甚至是二次微分曲线中的某些合适的值等。将动态信息与静态信息相结合的参数选取方法也有很多。有的研究群体用许多的项（item）对整个响应曲线进行拟合，即将响应曲线分解为这些项的线性组合，以线性组合的系数作为特征参数，来最大程度地保留原曲线的信息；或者对响应阶段（响应曲线的上升沿）的数据进行二次多项式拟合，以常数项和一次项作为特征参数[46]。虽然文献报道的特征参数选取的方法各不相同，但主要都是基于以上 3 种信息表达目的来进行的。

② 特征选择

从初始特征参数中挑选出部分最有效的特征，以降低特征空间维数的过程叫作特征选择。特征选择和特征提取不同，特征提取是在高维特征参数空间中，通过映射（或变换）的方法用低维空间来描述样本；而特征选择是选择特征参数空间中的某些向量，放弃其他向量，而不改变向量的方向。二者都实现了特征空间的降维，但降维方法有本质上的区别。特征选择后的参数与传感器仍然有对应的关系，而特征提取将各向量进行了坐标的变换，特征提取后的向量是原来所有向量的线性组合，与传感器不再具有一一对应的关系。

实际工作中有两种特征选择问题，一种是从原始特征集中选出固定数目的特征，使得特征评价准则最优，这是一个无约束的组合优化问题。另一种是对于给定的允许准则值，求维数最小的特征子集，这是有约束的最优化问题[47]。这种问题除了穷尽搜索，不能保证得到最优解。但在样本数目 n 较大时，如 $n \geqslant 20$ 时，穷尽搜索实际上已经不可行。

2.4.4 传感器阵列实例

1. 金属氧化物气敏传感器阵列

金属氧化物气敏传感器应用前景十分广阔，不仅可用于环境保护，有毒气体、易挥发气体的监测，食品工业，甚至可用于军事和航天领域。在本节前面的内容中，我们已经简要介绍了金属氧化物气敏传感器。在本小节中，我们主要介绍金属氧化物气敏传感器阵列的制作过程。

（1）传感器阵列的构造

金属氧化物气敏传感器阵列主要构造在厚度为 500 μm 的 4 英寸硅片上，硅片的上、下表面都是厚度为 1 μm 的二氧化硅。图 2.18 是传感器阵列表面结构的俯视图[48]。

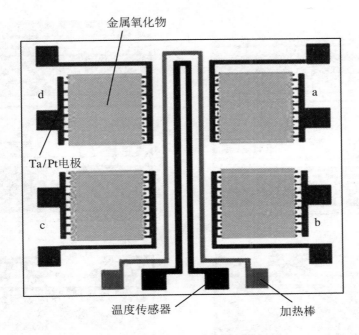

图 2.18　金属氧化物气敏传感器阵列俯视图

此传感器阵列芯片的尺寸为 3 mm×3 mm，由 4 个传感单元组成。在每个单元中，数字化对称的铂电极（厚度为 200 nm）和金属氧化物薄膜接触。芯片的中央是铂温度传感器，可以随时反馈芯片的工作温度。铂加热棒可以将传感器阵列加热到它的工作温度（通常为 100~500 ℃）。

（2）表面结构制作流程

电子束蒸发法适合耐熔金属，而且形成的薄膜具有纯度高的特点。电极、温度传感器和加热棒的材质为金属铂，在制作过程中，我们采用电子束蒸发法。

如图 2.19 所示为传感器阵列的制作流程。为了避免粗糙的电极边缘和金属氧化物接触不良，降低导电性，在沉积电极、温度传感器和加热棒之前，我们首先沉积铝牺牲膜 100 nm，如图 2.19（a）所示。经过光致抗蚀剂的沉积和光致刻蚀后，在铝膜上形成所需要的电极、温度传感器和加热棒的结构，如图 2.19（b）所示。在腐蚀液中，经过各向同性腐蚀，铝膜形成如图 2.19（c）所示结构，以保证随后所沉积电极的良好接触[48]。

在沉积金属铂之前，为了提高铂和硅片的黏着力，首先沉积 25 nm 的铂黏着层，然后沉积 200 nm 的铂，如图 2.19（d）所示。使用光致抗蚀剂，剥离和腐蚀掉剩余的铝牺牲膜,最终形成电极、温度传感器和加热棒,如图 2.19(e)所示。

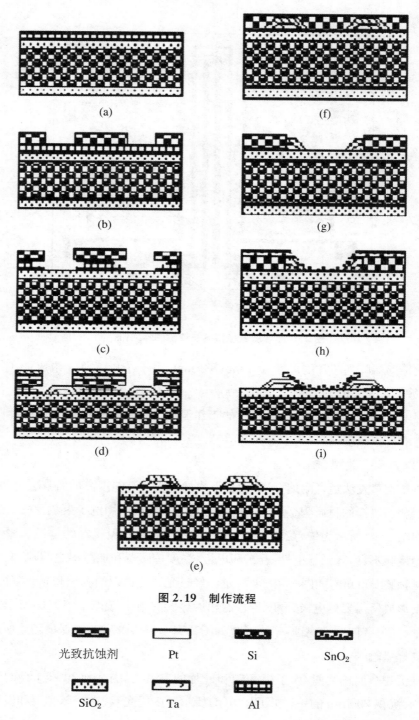

(a)

(b)

(c)

(d)

(e)

(f)

(g)

(h)

(i)

图 2.19　制作流程

光致抗蚀剂　　Pt　　Si　　SnO$_2$

SiO$_2$　　Ta　　Al

接下来沉积半导体金属氧化物 SnO_2。如图 2.19(f)所示,首先沉积光致抗蚀剂,然后经过光致刻蚀,形成金属氧化物的待沉积模型,如图 2.19(g)所示。然后沉积 60 nm 厚的二氧化锡(SnO_2),如图 2.19(h)所示。最后剥离光致抗蚀剂,形成如图 2.19(i)所示结构。

至此,传感器阵列的表面结构已经形成。整个硅片被放入 700 ℃的高温炉中烧结 60 分钟,以提高半导体金属氧化物的空穴密度,加强气敏的稳定性。

（3）焊接和封装

在焊接和封装前,整个硅片被切割成 3 mm×3 mm 的小芯片,每一片为一个由 4 个传感单元组成的传感器阵列。此传感器阵列被封装于金属 TO-5 室内。为了获得良好的热绝缘效果,降低能量损耗,首先在 TO-5 的基底上粘贴一个玻璃片,然后将传感器阵列粘在玻璃片上。每个传感单元的电极用金(Au)线依次焊接在 TO-5 的管脚上。TO-5 室由一个带有金属滤网的金属帽封装,金属滤网起到让传感器和外界进行气体交换的作用。图 2.20 展示了最终成型的气敏传感器的纵切面[48]。

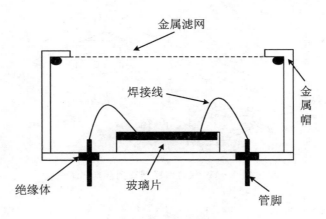

图 2.20　传感器的纵切面

2. 声表面波气敏传感器阵列

前文已经介绍了声表面波(SAW)气敏传感器,这里我们介绍声表面波气敏传感器阵列。

（1）阵列的构造

SAW 器件对温度等外界环境极其敏感,外界环境的变化很容易影响 SAW 振荡器的频率,如果直接对 SAW 传感器构成的振荡器进行频率计数,得到的结果很可能是受到环境因素影响后的产物。对于这一问题,一种最常用的解决方法是采用两个完全相同的器件,其中一个器件的表面涂覆敏感膜,另一个则作为参比器件。两器件的频率差仅对被测参量敏感,其他因素引起的频率变化则被这种差动结构所补偿[5]。

SAW 气敏传感器阵列如图 2.21 所示。在 SAW 气敏传感器阵列中,我们采用 4 个单元 SAW 传感器构建传感器阵列,其中 1 个不涂覆敏感膜作为参比通道,另外 3 个涂覆不同的敏感膜制备传感器单元作为测量通道分别对不同的目标气体进行检测。如此建立的这种基于差动原理的 SAW 传感器阵列,可以实现混合气体的检测。

参比通道和测量通道采用同种型号的 SAW 器件,且电路结构完全相同,因此可以认为两个通道的 SAW 振荡器频率变化相同。假设外界环境因素改变致使 SAW 振荡器的频率改变 Δf_e,则混频后的频率改变量 Δf_{out} 可以证明为 0,即环境因素的改变对频率计数结果没有影响。由此可以看出,采用这种办法能够很好地消除外界环境对 SAW 传感器的影响。如图 2.21 所示,传感器阵列均匀排布在一个长方形测试腔室的内壁上,气体从中间通过,以保证气流的均匀性,另外气室很小,以保证对气体的快速响应。

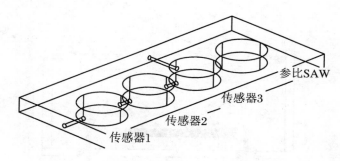

图 2.21　SAW 气敏传感器阵列及其测试气室

（2）气体检测电路

基于数据采集和系统简单稳定的考虑,为了检测气体,有研究者提出了如图 2.22 所示的混频检测法电路结构框架。混频检测法是由两个或多个声表面波振荡电路组成的。其中一个振荡电路的 SAW 器件没有涂敏感薄膜,作为参考电路,参考电路输出信号的频率在整个测量过程中是稳定不变的。另一个（或多个）振荡电路的 SAW 器件涂有敏感薄膜用于检测待测气体,在敏感薄膜吸附待测气体的过程中,敏感薄膜的固有损耗增大、反射栅反射率变小,这些因素使信号的相位延迟改变,再加上电导率的改变等因素,振荡电路输出信号的频率会发生改变。混频电路通过检测得到这两路振荡电路输出信号的差频信号,从而得到待测气体的特性[5]。

　　声表面波气敏传感器阵列的信号检测电路板如图 2.23 所示。除声表面波谐振器外的所有元件都安装在电路板的正面,如图 2.23(a)所示。声表面波谐振器安装在电路板的反面,如图 2.23(b)所示。这样做的目的是便于布线,并缩短高频线路的长度。传感器采用单 5 V 电源供电。

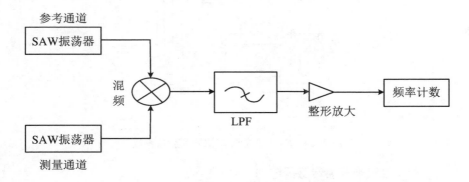

图 2.22　SAW 传感器混频检测法电路结构框架

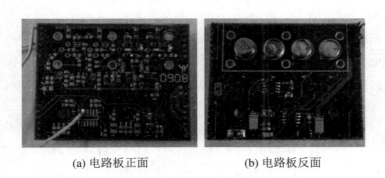

(a) 电路板正面　　　　　　　(b) 电路板反面

图 2.23　声表面波气敏传感器阵列电路板

（3）信号采集系统

　　传感器阵列设计完成后,就需要有一个数据采集系统对传感器的输出信号进行采集和处理。如图 2.24 所示,处于恒温条件下的 SAW 频率信号经程控射频开关接入 SS7200 通用智能计数器(自带 GPIB 接口)进行计数,计数结果经 GPIB 总线通过智能采集卡送入计算机,最后由计算机中的 7200 控制软件进行数据显示和记录。而待测气体 VOC 由于其挥发性,采用鼓泡法产生,即将一定流速的氮气通入待测液体中,缓缓吹出待测液体的蒸气,干燥后与载气按一定比例混合通入测试气室。使用此装置,我们就能完成待测气体的信号采集工作。在后续章节中,我们会详细介绍待测气体信号的处理过程。经过处理之后,我们就能得到待测气体的种类和浓度等信息。

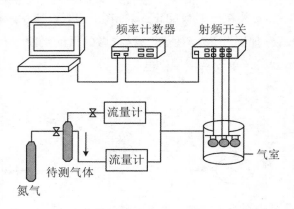

图 2.24 SAW 气敏传感器阵列测试系统

3. 化学场效应管气敏传感器阵列

这里主要介绍场效应管阵列的结构设计及其制造工艺。

(1) 版图与图形参数

我们在同一单晶硅片上制作了两种器件,一种为化学场效应管阵列,另一种为栅极开槽 p - MOS 器件[49,50]。将这两种场效应管设计到一起以便比较两种不同结构器件的特性。阵列各单元(亦即各 MOS 管)图形参数 $L = 5 \sim 20\,\mu m$,$W/L = 5 \sim 20$,无栅极。图 2.25 是设计的阵列版图。

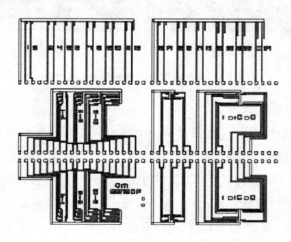

图 2.25 化学场效应管器件阵列版图

（2）制备工艺及技术指标

MOS 管的制造要经过光刻、掺杂（离子注入）、氧化层生长等多个步骤的循环。以铝栅 p 沟 MOSFET 为例，其主要制造过程包括：氧化—光刻隔离环—磷扩散—光刻有源区—薄氧—光刻—调沟注入硼—去胶—去预氧—栅氧—光刻引线孔—溅射硅铝—光刻铝引线—合金钝化—光刻键合点等步骤[51]。化学场效应管器件的制备工艺与普通的 MOSFET 的制造工艺基本相同，但有其特殊之处，主要的工艺流程及相关的技术参数如下：

① 成长氧化层：厚度 $d = 321$ nm。

② 光刻隔离环。

③ 磷扩散形成源、漏区：80 keV，4×10^{15}。

④ 光刻有源区（栅区及源、漏孔区）：正胶。

⑤ 薄氧，腐蚀 SiO_2 层（100 nm）。

⑥ 调沟硼注入：40 keV，$(4.8 \sim 5.0) \times 10^{11}$ cm^{-2}。

⑦ 生长栅氧化层：$d = 40$ nm，$N_{ss} \leqslant 5.0 \times 10^{11}$ cm^{-2}，1000 ℃。

⑧ 淀积氮化硅层：$d = 20 \sim 60$ nm。

⑨ 光刻接触引线孔：正胶。

⑩ 溅射硅铝：厚度 $D = 1 \sim 1.2$ μm。

其中，调沟注入和栅氧以及 Si_3N_4 生长是最关键的工序，它们直接影响器件敏感性能的好坏。一方面，器件的气敏特性是通过气体与栅区部位敏感膜之间的化学反应来调制漏源电流而实现的，而漏、源之间的沟道在刚开启时或漏源电流刚不为零时对气体的检测最为容易和精确。在设计中定义了沟道的掺杂浓度为沟道刚导通时的最小注入剂量，这就需要调沟注入的精确性。注入浓度过大或者过小，都将影响沟道中的载流子浓度，进而影响开启电压的大小，这势必会影响对气体的敏感特性和响应特性，使对气体的检测失去真实性和可靠性。因此，控制沟道的注入剂量是非常关键的步骤。根据手工计算及工艺模拟软件 Tsuprem4 模拟结果，确定 $(2 \sim 5) \times 10^{11}$ cm^{-2} 的注入剂量比较合适，制造中掺杂浓度为 2.0×10^{11} cm^{-2} 和 3.0×10^{11} cm^{-2}。按模拟结果阈值电压为 0.7 V 和 -0.15 V，实际测试阵列开启电压在 $-0.1 \sim 0.8$ V 之间，略大于模拟计算的数据。另一方面，已有研究以及实验数据均表明栅氧厚度对化学场效应管的响应特性有着极其巨大的影响[52]，栅绝缘层越薄，响应电流越大。已有报道栅氧绝缘层最小可以做到 2 nm[53]。

参 考 文 献

［1］王俊,崔绍庆,陈新伟,等.电子鼻传感技术与应用研究进展［J］.农业机械学报,2013,44(11):160‐167.

［2］骆德汉.仿生嗅觉原理、系统及应用［M］.北京:科学出版社,2012.

［3］赵声衡.石英晶体振荡器［M］.长沙:湖南大学出版社,1997.

［4］冯冠平.谐振传感理论及器件［M］.北京:清华大学出版社,2008.

［5］孙萍.质量敏感型有毒有害气体传感器及阵列研究［D］.成都:电子科技大学,2010.

［6］Sauerbrey G Z. The Use of Quartz Crystal Oscillators for Weighing Thin Layers and for Microweighing［R］. 1959.

［7］Yadava R D S, Chaudhary R. Solvation, Transduction and Independent Component Analysis for Pattern Recognition in SAW Electronic Nose［J］. Sensors & Actuators B Chemical, 2006, 113(1):1‐21.

［8］戴恩光,冯冠平.基于声表面波双端谐振器的气体传感器［J］.传感技术学报,1997(1):7-12.

［9］Josse F, Dahint R, Schumacher J, et al. On the Mass Sensitivity of Acoustic-plate-mode Sensors［J］. Sensors & Actuators A Physical, 1996, 53(1‐3):243‐248.

［10］Reibel J, Stier S, Achim V A, et al. Influence of Phase Position on the Performance of Chemical Sensors Based on SAW Device Oscillators［J］. Analytical Chemistry, 1998, 70(24):5190‐5197.

［11］应智花,蒋亚东,王华,等.基于 PVDF 膜的 QCM 对 DMMP 的气敏特性研究［J］.传感技术学报,2006,19(5B):2081‐2083.

［12］Stahl U, Rapp M, Wessa T. Adhesives:a new class of polymer coatings for surface acoustic wave sensors for fast and reliable process control applications［J］. Analytica Chimica Acta, 2001, 450(1):27‐36.

［13］李川.声表面波气体传感器阵列信号采集电路设计［D］.成都:电子科技大学,2012.

［14］徐希嫒,王代强,刘桥.阶梯形 IDT 结构的仿真研究［J］.现代电子技术,2010,

33(6):176-177.

[15] 韩韬,施文康.基于辨识标签原理的无源声表面波传感器技术要点与发展趋势[J].传感技术学报,2000,13(4):326-329.

[16] 侯成诚.一种便携 SAW 气体传感器的电路设计[D].合肥:安徽大学,2011.

[17] 肖尚辉.SAW 滤波器设计实现及其频率稳定性的研究[D].成都:电子科技大学,2002.

[18] 于海燕,谢光忠,吴志明,等.导电聚合物薄膜声表面波传感器敏感特性研究[J].传感器与微系统,2007,26(2):53-55.

[19] 郝俊杰,徐廷献.声表面波用基片材料[J].硅酸盐通报,2000,19(6):32-36.

[20] 尹萍.酞菁类声表面波气体传感器研究[D].合肥:安徽大学,2010.

[21] 张传忠.压电材料的发展及应用[J].压电与声光,1993(3):64-70.

[22] 韩铮.半球形凹陷谷场地对 Rayleigh 波的三维散射[J].山西建筑,2006,32(3):52-53.

[23] 吴鹏.基于声表面波传感技术的血凝检测系统研究[D].天津:河北工业大学,2008.

[24] 王志东,杜晓松,黄嘉,等.氢键酸性聚合物神经毒剂敏感材料的研究进展[J].材料导报,2009,23(11):81-84.

[25] 齐洁.光谱吸收型光纤气体传感技术研究[D].南京:南京航空航天大学,2011.

[26] Wojcik W, Manak I, Kotyra A, et al. Application of absorption spectroscopy in optoelectronic analyzer of oxygen and carbon monoxide concentrationg[J]. Proceedings of Spie the International Society for Optical Engineering, 2003:5124.

[27] 丰明坤,隋成华.光谱吸收法光纤甲烷传感器性能的研究[J].大气与环境光学学报,2003,16(6):27-30.

[28] Wolfbeis O S. Proceedings of the 1st European Conference on Optical Chemical Sensors and Biosensors-europt(r)ode-1-graz, Austria April 12-15, 1992-Preface[J]. Sensors & Actuators B Chemical, 1993, 11(1-3).

[29] Yang J, Xu L, Chen W. An optical fiber methane gas sensing film sensor based on core diameter mismatch[J]. Chinese Optics Letters, 2010.

[30] Neri A, Parvis M, Perrone G, et al. Low-cost Fiber Optic H2S Gas Sensor

[C]// Sensors, 2008 IEEE. IEEE, 2008:313 - 316.

[31] 田敬民.场效应气敏传感器的研究进展[J].仪表技术与传感器,1998(10):32 - 36.

[32] 叶伟伟.嗅觉组织生物传感器及其信号处理[D].杭州:浙江大学,2011.

[33] Zaromb S, Stetter J R. Theoretical Basis for Identification and Measurement of Air Contaminants Using an Array of Sensors Having Partly Overlapping Selectivities[J]. Sensors & Actuators, 1984, 6(4):225 - 243.

[34] 林海安,吴冲若.阵列和模式识别与气敏传感器[J].微电子学与计算机,1995 (1):38 - 40.

[35] Duda R O, Hart P E, Stork D G. Pattern Classification, Second Edition [R]. 2001.

[36] 高大启,杨根兴.电子鼻技术新进展及其应用前景[J].传感器与微系统, 2001,20(9):1 - 5.

[37] 滕炯华,袁朝辉,王磊.基于气敏传感器阵列的牛肉新鲜度识别方法研究[J]. 测控技术,2002,21(7):1 - 2.

[38] Pearce T C, Gardner J W, Göpel W. Strategies for Mimicking Olfaction: The Next Generation of Electronic Noses? [J]. Sensors Update, 1998, 3 (1):61 - 130.

[39] 殷勇.嗅觉模拟技术[M].北京:化学工业出版社,2005.

[40] 占琼.电子鼻系统中的传感器阵列优化研究[D].武汉:华中科技大学,2007.

[41] Boilot P, Hines E L, Gongora M A, et al. Electronic Noses Inter-comparison, Data Fusion and Sensor Selection in Discrimination of Standard Fruit Solutions[J]. Sensors & Actuators B Chemical, 2003, 88(1):80 - 88.

[42] Llobet E, Brezmes J, Gualdrón O, et al. Building Parsimonious Fuzzy ARTMAP Models by Variable Selection with a Cascaded Genetic Algorithm: Application to Multisensor Systems for Gas Analysis[J]. Sensors & Actuators B Chemical, 2004, 99(2 - 3):267 - 272.

[43] Bicego M, Tessari G, Tecchiolli G, et al. A Comparative Analysis of Basic Pattern Recognition Techniques for the Development of Small Size Electronic Nose[J]. Sensors & Actuators B Chemical, 2002, 85(1 - 2):137 - 144.

[44] 殷勇,田先亮,邱明.基于人工嗅觉的酒类质量稳定性判别方法研究[J].仪器

仪表学报,2005,26(6):565 - 568.

[45] 史志存,李建平,马青,等.电子鼻及其在白酒识别中的应用[J].仪表技术与传感器,2000(1):34 - 37.

[46] 李云,叶春晓,李季,等.基于特征关联性的特征选择算法研究[J].微型机与应用,2004,23(6):58 - 60.

[47] 李松,Martin J,Harald B.金属氧化物气体传感器阵列的制备[J].传感技术学报,2005,18(1):36 - 38.

[48] 谢丹,蒋亚东,姜健壮,等.基于电荷流动晶体管的新型气敏传感器[J].半导体学报,2001,22(7):933 - 937.

[49] 谢丹,蒋亚东,姜健壮,等.一种新型气敏传感器的研究[J].电子学报,2001,29(8):1083 - 1085.

[50] 王阳元.集成电路工艺基础[M].北京:高等教育出版社,1991.

[51] Andersson M, Holmberg M, Lundström I, et al. Development of a Chem-FET Sensor with Molecular Films of Porphyrins as Sensitive Layer[J]. Sensors & Actuators B Chemical, 2001, 77(s1 - 2):567 - 571.

[52] Polk B J. ChemFET Arrays for Chemical Sensing Microsystems[J]. Sensors, 2002. Proceedings of IEEE, 2002(1):732 - 735.

[53] Kinkade B R, Daly J T, Johnson E A. MEMS Device for Mass Market Gas and Chemical Sensors[J]. Proceedings of SPIE-The International Society for Optical Engineering, 2000(2):180 - 187.

第 3 章　机器嗅觉数据处理

在第 2 章中讨论了机器嗅觉传感器的构造与数据采集,但是在很多情况下,采集到的传感器阵列数据含有很多噪声,为了有效提高后续模式识别的准确性,有必要对采集到的阵列数据进行预处理以及优化等操作。

本章将介绍机器嗅觉中传感器数据的预处理、阵列数据优化以及一些典型的模式识别算法。

3.1　传感器数据预处理

数据预处理是对机器嗅觉系统中传感器阵列的响应信号进行预加工,包括滤波、变换等操作,目的是滤除信号采集过程中引入的噪声和干扰,提高信噪比,消除信号的模糊和失真,增强有用信号。其本质是降低噪声对有用信息的干扰,并对在实验过程中由测量仪器或其他因素对实验结果造成的退化进行复原的处理过程。数据预处理主要包括基线处理、数据变换以及特征降维。

预处理算法直接影响着系统的工作特性,因此应根据实际使用的气敏传感器的类型、模式识别方法和最终识别任务进行合理选择[1]。

机器嗅觉系统数据预处理的方法一般包括原始特征值提取、基线修正[2]以及数据的变换。

1. 原始特征值提取

气敏传感器响应曲线是由传感器的信号经采样、量化后得到的一个个离散值构成的。为了减少数据量和可操作性,实际分析时往往不是取整条曲线上的全部样本点,而是提取其中较能代表传感器对被测气味响应特性的某个点或某些点,这些点的值就称为特征值。例如,可以取传感器对某种气体测量响应曲线的最大值,也可以取响应曲线上升或下降阶段的斜率作为传感器对此种气体响应的特征值。

2. 基线修正

通常把只有零气通过时传感器的响应值称为基线值,一般传感器在初始状态下输出并不是 0。设传感器阵列的维数为 n,测试样本的数目为 p,$S_j(0)$($j = 1 \sim n$)为第 j 个传感器在初始状态下的输出,即传感器的基线值,$S_{ij}(t)$($i = 1 \sim p$,$j = 1 \sim n$)为第 i 个测试样本的第 j 个传感器在 t 采样时刻的输出值。常见的基线修正方法如表 3.1 所示。

表 3.1　数据预处理方法——基线修正

基线修正方法	计算公式
差分法 (difference)	$X_{ij}(t) = \lvert S_{ij}(t) - S_j(0) \rvert$
相对法 (relative)	$X_{ij}(t) = \dfrac{S_{ij}(t)}{S_j(0)}$
差商法 (fraction)	$X_{ij}(t) = \dfrac{\lvert S_{ij}(t) - S_j(0) \rvert}{S_j(0)}$
传感器归一化 (sensor auto scaling)	$X_{ij}(t) = \dfrac{\lvert S_{ij}(t) - S_{ij}^{\min j(t)} \rvert}{(S_{ij}^{\max j(t)} - S_{ij}^{\min j(t)})}$
阵列归一化 (array auto scaling)	$X_{ij}(t) = \dfrac{S_{ij}(t)}{\left(\dfrac{1}{n} \sum_i S_{ij}^2 \right)^{1/2}}$

3. 数据变换

传感器输出的数据经某种变换,能更有利于后续的处理。有时传感器的响应和浓度的关系成对数关系,这时可以把传感器响应值取对数,从而得到一种线性的关系。常用的变换方法有对数法、一阶差分法、二阶差分法,相应计算公式如表3.2所示。

表 3.2　数据预处理方法——数据变换

数据变换方法	计算公式
对数法 (logarithmic)	$X_{ij}(t) = \log(\lvert S_{ij}(t) - S_j(0) \rvert)$
一阶差分法 (first derivatives)	$X_{ij}(t) = S_{ij}(t) - S_{ij}(t-1)$
二阶差分法 (second derivatives)	$X_{ij}(t) = (S_{ij}(t-1) - S_{ij}(t) - S_{ij}(t+1))$

有证据表明,差商法和相对法有利于补偿传感器的温度灵敏度,差商法可以线性化金属氧化物电阻与浓度的关系。传感器归一化可以使单个传感器的输出位于[0,1]中,使得响应向量处于同一数量级,这样不仅可以减少化学计量识别中的计算误差,而且能为神经网络识别器中的输入空间准备合适的数据。传感器阵列归一化还可以把所有的响应矢量映射到单位多维空间的球表面上,当样品的浓度无关紧要但要求精确识别时,此方法比较有效[3]。另外,传感器的一阶导数可以帮助区分传感器的漂移和样本的检测。同时,还可利用动态响应测量来校正传感器阵列,从而节省相关的神经网络训练时间。

3.2　阵列数据优化

传感器阵列是机器嗅觉系统中气味采集模块的"心脏",其性能直接影响机器嗅觉系统的整体性能。传感器阵列获得的原始数据可能会包含某些相似成分,所以需要对原始数据进行优化、减少冗余,目前常用的方法是对信号进行一系列的特征参数的选取,以提高测量的精度[4]。在3.1节中,我们已经对传感器阵列数据进行了预处理,消除一定干扰,提高信噪比,本节我们将对阵列数据做进一步的优化,使阵列数据的处理变得更加快速有效。

3.2.1　阵列数据优化的意义

机器嗅觉系统技术发展初期,人们认为,只要单个气敏器件的灵敏度高、选择性和重复性好,机器嗅觉系统装置的性能自然就会很高。经过持续不断的努力,目前,单个气敏器件的灵敏度已达到较高水平。例如,借助于精密测试电路,TGS 型气敏传感器对一些有机气体的体积分数检测下限已达到 1.0×10^{-8}[5]。但选择性与人们的期望仍存在很大的差距。通过与生物嗅细胞性能的比较,人们认识到:只对一种气味有敏感响应的气敏器件几乎是不存在的[6]。试想,咖啡和茶叶的香气成分有数百种,卷烟烟气成分多达数千种,用数百乃至数千个气敏器件同时测量一种气味既不现实也无必要。因此,从某种意义上讲,单个气敏器件的敏感带宽不是缺点而是优点[7,8]。机器嗅觉系统正是利用各个气敏器件对复杂成分气体都有响应却又互不相同这一特点,通过同时采用多个材料体系、制作工艺和工作方式相同或不同的传感器构成阵列,获得更加全面的测试样本信息,并借助数据处理方法对多种气味进行识别,才得以实现对气味质量[9]的分析与评定。

相对于单个传感器的使用,采用传感器阵列虽然可以提高选择性,但同时也会产生一些问题。首先,传感器数目增加会产生两个不利的影响:一是更多敏感元件的引入,导致有效信息增加的同时,对最终识别不起作用的冗余信息含量以及由环境影响而产生的噪声含量也将随之增加。因此整体信息量的增加,并不一定意味着信息质量即信噪比的提高,甚至会因其中噪音的增加而使识别判断的准确率降低,导致机器嗅觉系统性能的下降。二是传感器阵列获得的数据量增加,也增加了对后续数据处理技术及数据处理能力的要求。Göepel 等人通过实验得出:当阵列中全部为单一类别传感器时,若阵列规模增加,增加的该传感器贡献的有效信息量减少,而包含的噪音含量不变[10]。因此,从信噪比角度出发,存在最优的阵列规模。其次,阵列传感器的个数越多,对制作加工工艺的要求就越严格。再次,多个传感器的使用,必定会增加机器嗅觉系统的成本。成本的增加会导致机器嗅觉系统的应用领域受到很大的限制,特别是对于民用的、商业化的手持式机器嗅觉系统,是一个非常不利的因素;这与力图使机器嗅觉系统小型化、商业化的目标也是相违背的。

尽管不确定阵列中传感器是否越多越好,但目前大多数人已经赞同:对于每个具体的应用应该有一个最优的阵列规模,且不同应用下,阵列规模和传感器类型的选择也各不相同。但是在实际操作中,在对待测对象进行测量之前,因为不知道哪些传感器对判别结果不起作用,所以会选尽可能多的不同类型的传感器来组成初始阵列,因此,为了避免"维数灾难",对传感器阵列所获取的原始数据进行特征提取是有必要的。

3.2.2 阵列数据优化方法

阵列数据优化的一般过程可分为两个步骤:初始阵列的构造和最终阵列的确定。构造初始阵列的基本方法和原则,已经是通用的且已得到一致认可。在初始阵列基础上,通过特征选择可以进一步确定最终的优化阵列数据。

1. 初始阵列的构造

进行阵列优化前,应先构造出一个初始阵列。针对某具体应用而言,在确定气敏传感器阵列时,所选择的传感器应满足以下几个要求:① 气敏传感器应有较高的灵敏度,能够对痕量级的化学成分产生响应。② 单个气敏传感器的选择性不要求很高,以便使气敏传感器的响应为对被测气体各种成分的综合响应,而且这种综合响应由于各传感器有一定的选择性而表现出不同的特征。③ 传感器的稳定性十分重要,不随环境温度、湿度等的变化而变化,重复性好。④ 响应速度快且恢复速度快,以提高整个识别过程的速度。

但是,目前种类繁多的传感器,常用的如金属氧化物半导体传感器、质量型气敏传感器、电化学型气敏传感器、声表面波传感器等,能满足要求①和②的有很多,同时满足上述4个条件的则很少。对于传感器的稳定性以及其受环境温度、湿度影响的问题,人们通常对这些外在条件进行控制,或用一些辅助或补偿措施来弥补不足。条件允许的情况下,初始阵列应选择尽可能多的、材料体系不同的传感器。

2. 最终阵列的确定

初始阵列确定以后,首先需要进行一系列的样本测试实验,得到阵列中各传感器对样本的响应曲线,在对这些实验数据进行预处理的基础上,再筛选初始阵列中的传感器,放弃对判别没有贡献或贡献很小的传感器,从而确定最终的阵列。

数据的预处理过程十分重要,由传感器信息的预处理和阵列信息的预处理构成。传感器的信息预处理有归一化、微分等;阵列信息的预处理包含特征参数的选取以及特征选择。特征参数是根据阵列中各个传感器的响应曲线选取的,这些特征参数应尽可能完全地反映原始曲线的信息,选取的特征参数构成初始特征集。特征参数的选取方法主要可以分为3类:选取表达静态信息的参数,选取表达动态信息的参数,以及静态信息和动态信息相结合尽可能表达整体信息的参数。表达静态响应信息的特征参数有曲线的基线值、最值、稳定值、差分、相对差分、最大值与稳定值的差、某时间间隔内最大值与最小值的差与基线值的比、达到最大值时的时间、响应恢复时间等[11];表达动态响应信息的参数有某几个时间点的瞬时值、特定时间间隔内的平均值、开始响应时的曲线斜率、响应阶段斜率的平均值、微分曲线最值、平均微分值甚至是二次微分曲线中的某些合适的值;动态信息与静态信息相结合的参数选取方法也有很多。

从初始特征参数中挑选出部分最有效的特征,以降低特征空间维数的过程叫作特征选择。特征选择是选择特征参数空间中的某些向量而放弃其他向量,并不改变向量方向,因此特征选择后的参数与传感器仍然有对应的关系。实际工作中有两种特征选择问题。一种是从原始特征集中选出固定数目的特征,使得特征评价准则最优,这是一个无约束的组合优化问题。另一种是对于给定的允许准则值,求维数最小的特征子集,为有约束的最优化问题。这种问题除了穷尽搜索,不能保证得到最优解。但在样本数目 n 较大,如 $n \geqslant 20$ 时,穷尽搜索实际上已经不可行。有些实验中的特征选择问题为无约束优化问题,即从初始特征集中选择指定数目的使特征评价准则最优的特征参数,构成优化特征子集。也就是说特征选择的结果是一组优化特征参数子集。由于在特定的应用下,所选择的参数与传感器是一体的、相对应的,即某个参数可以代表其对应的传感器,因此,特征参数的优化就是阵列数据的优化。决定了最优的参数组合,就可以根据这些参数的来源,决定用初始阵列中的哪些传感器数据来组成最终阵列数据。

已提出的各种特征选择算法可以根据其原理大致划分为两大类,即非搜索性特征选择算法和搜索性特征选择算法。典型的非搜索性算法通过对初始阵列中的传感器的特征分别进行正态分布、变异系数、相关性、传感器共线性、最终计算等分析和检验,或只执行其中的某几个步骤,来进行特征即传感器的逐步淘汰或筛选。非搜索性特征选择方法把特征当作标量进行计算,不考虑特征之间的相关性对分类识别的影响,而且过程都较复杂,可操作性差。搜索性的特征选择方法把特征当作矢量看待,充分考虑特征之间的相关性,根据一定的特征评价准则直接从初始特征参数集中搜索到最优的特征组合。最优特征参数组合中的保留特征参数对应的传感器数据即构成最终优化阵列数据。

3.3　模式识别算法

模式识别按哲学的定义是一个"外部信息到达感觉器官,并被转换成有意义的感觉经验"的过程。狭义上来说,模式识别(pattern recognition)是指对表征事物或现象的各种形式的(数值的、文字的和逻辑关系的)信息进行处理和分析,以对事物或现象进行描述、辨认、分类和解释的过程,是信息科学和人工智能的重要组成部分。模式识别是随着现代计算机科学技术的发展而形成的一种模拟人类各种识别能力和方法的技术。模式识别技术主要是在计算机上实现的,而计算机只能识别数字和字符,因此所有的模式都必须首先经过数值化(如对长度、面积、电流等连续量进行数值化)或符号化(如对黑与白、男性和女性等一些没有数量关系或次序关系的特征量进行符号化,分别表示为"b"与"w"、"G"和"L"等)后才能进行自动识别,也就是说识别的前提是对模式的特征测量值进行数值化或符号化。一个完整的模式识别过程包括学习过程(如图3.1所示)和识别过程(如图3.2所示)。

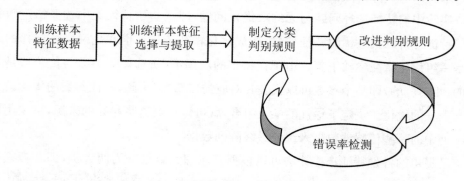

图 3.1　学习过程

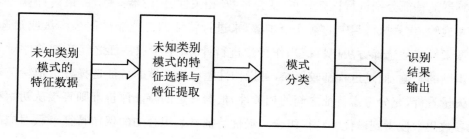

图 3.2　识别过程

模式识别的理论和方法主要包括了4大方面:统计模式识别、模糊模式识别、句法模式识别和智能模式识别。统计模式识别方法,又称化学计量分析方法,目前在理论上较为成熟、应用较为广泛,这种方法主要依据模式特征数据的统计分析而建立数学模型。统计是我们面对数据而又缺乏理论模型时最基本的(也是唯一的)分析手段。统计模式识别的特点是其特征向量基于连续实数或离散数值,且分类是基于相似性度量(距离量度)来进行的。传统统计学所研究的是渐进理论,即传统的统计模式识别方法都是在样本数目足够多的前提下进行研究的,所提出的各种方法只有在样本数趋向无穷大时其性能才有理论上的保证。而在多数实际应用中,样本数目通常是有限的,这时很多方法都难以取得理想的效果。

目前模式识别方法主要是基于统计和人工神经网络的模式识别算法。机器嗅觉系统数据处理中采用的模式识别算法主要有主成分分析(principal component analysis,PCA)、线性判别分析(linear discriminant analysis,LDA)、支持向量机(support vector machine,SVM)、k 最近邻(k-nearest neighbor,KNN)、人工神经网络（artificial neural network，ANN）、模糊推理系统（fuzzy inference system，FIS）、遗传算法（genetic algorithm，GA）等，其中主成分分析和人工神经网络算法应用最为广泛。

本节将介绍几种典型的统计模式识别与智能模式识别算法。

3.3.1　统计模式识别

1. 主成分分析

主成分分析（principal component analysis，PCA）是指对多个变量通过线性变换选出较少个数重要变量的一种多元统计分析方法，又称主分量分析。它是一种掌握事物主要矛盾的统计分析方法，可以从多元事物中解析出主要影响因素，揭示事物的本质，简化复杂的问题。PCA 作为一种线性特征提取技术，旨在利用数据降维的思想，即计算主成分而将高维数据投影到较低维的空间、把多指标转化为少数几个综合指标，从而尽可能地展示原始数据中包含的信息。PCA 在机器嗅觉系统中可用于客观地分析样品之间的差异[12]。

设 $X_1, X_2, \cdots, X_p$ 是考察的 p 项指标[13]。

令

$$S = \begin{bmatrix} S_{11} & S_{12} & \cdots & S_{1p} \\ S_{21} & S_{22} & \cdots & S_{2p} \\ \vdots & \vdots & & \vdots \\ S_{p1} & S_{p2} & \cdots & S_{pp} \end{bmatrix} \tag{3.1}$$

表示 $X_1, X_2, \cdots, X_p$ 的协方差矩阵，则 S 的主对角线上的元素 $S_{11}, S_{22}, \cdots, S_{pp}$ 分别表示 $X_1, X_2, \cdots, X_p$ 的方差，而 $S_{11} + S_{22} + \cdots + S_{pp}$ 表示这 p 项指标的总方差。找一个综合指标

$$y_1 = a_{11}x_1 + a_{12}x_2 + \cdots + a_{1p}x_p \tag{3.2}$$

来代替这 p 项指标，并且希望这个综合指标尽可能多地包含原来 p 项指标的信息。由数学知识得知，若

$$\lambda_1 = \lambda_2 = \cdots = \lambda_\gamma \geqslant 0 \quad (\gamma = p) \tag{3.3}$$

是 S 的 Y 个非 0 特征根，又有

$$a_i = (a_{i1}, a_{i2}, \cdots, a_{i\gamma}) \quad (i = 1, 2, \cdots, \gamma) \tag{3.4}$$

是对应于特征根 λ_i 的标准正交特征向量，则

$$y_i = a_{i1}x_1 + a_{i2}x_2 + \cdots + a_{ip}x_p \quad (i = 1, 2, \cdots, \gamma) \tag{3.5}$$

是互不相关的，y_i 的方差等于 λ_i，而且有

$$S_{11} + S_{22} + \cdots + S_{pp} = \lambda_1 + \lambda_2 + \cdots + \lambda_\gamma$$

按以上方法，找到 γ 个综合指标 $y_1, y_2, \cdots, y_\gamma$，它们的总方差等于原来 p 项指标的方差，则这 γ 个综合指标所包含的信息与原来 p 项指标所包含的信息相等。若 γ 远远小于 p，则此方法大大减少了指标却又不影响分析效果。由于综合指标

$$y_1 = a_{11}x_1 + a_{12}x_2 + \cdots + a_{1p}x_p \tag{3.6}$$

的方差等于 λ_1 最大，所以 y_1 综合 p 指标的能力最强，称 y_1 为 $X_1, X_2, \cdots, X_p$ 的第一主成分，而 $y_2, \cdots, y_\gamma$ 分别称为第二主成分，$\cdots$，第 γ 主成分。

$$\frac{\lambda_1}{\lambda_1 + \lambda_2 + \cdots + \lambda_\gamma} = \frac{\lambda_1}{S_{11} + S_{22} + \cdots + S_{pp}} \tag{3.7}$$

表示 y_1 的方差占总方差的比重，称为第一主成分的方差贡献率。这个值越大，说明效果越好，综合 $X_1, X_2, \cdots, X_p$ 的能力越强。

$$\frac{\lambda_2}{\lambda_1 + \lambda_2 + \cdots + \lambda_\gamma} = \frac{\lambda_2}{S_{11} + S_{22} + \cdots + S_{pp}} \tag{3.8}$$

$$\frac{\lambda_\gamma}{\lambda_1 + \lambda_2 + \cdots + \lambda_\gamma} = \frac{\lambda_\gamma}{S_{11} + S_{22} + \cdots + S_{pp}} \tag{3.9}$$

分别称为第二主成分，$\cdots$，第 γ 主成分的方差贡献率。全部 γ 个主成分的累积方差贡献率为 1，通常根据累积的方差贡献率大于 85% 选取前一个或前几个主成分来综合分析。

2. 线性判别分析

判别分析包括线性判别分析（linear discriminant analysis，LDA）和非线性判别分析，最简单的判别分析是线性判别分析。线性判别分析通常是指在输入变量上构造线性判别函数的方法，它是由所有特征量的线性组合构成的。也可以通过寻求一种变换，使得在某种意义下类间分离性最大、类内分离性最小或相异性最小。

目前线性判别分析有多个常用的准则函数，包括 Fisher 准则、最大散度差准则、感知准则以及最小均方误差（MSE）准则等。本小节主要阐述 Fisher 鉴别准则。此方法有如下特点：

（1）假设样本类别数为 C，可引入一种维数不超过 $C-1$ 的空间变换。

（2）数据分布具有随意性，如可以不假设数据具有正态性。

（3）变换后的坐标轴可以根据贡献率的大小来确定次序，即对判别的重要性；

可以在一个二维或者三维的坐标系中用那些最重要的坐标分量获取数据的图形表示。

（4）可以用适当的分类器在低维空间中完成判别工作。

（5）线性判别分析可以用作更复杂的非线性分类器的后期处理器。

由于线性判别分析易于分析，因此关于这方面的研究比较多。但是应用统计分析方法解决模式识别的问题时，常常碰到的问题就是维数问题。一般说来，在低维空间里适用的方法在高维空间里可能完全不适用。因此，降低维数就成为解决模式识别问题的第一个关键。

把 d 维空间中的样本投影到一条直线上，即把原始数据压缩到一维，以形成一维空间，这在数学上很容易办到。然而，如果把 d 维空间中的样本全部投影到任意一条直线上，那么结果可能会使原本在 d 维空间中相互分得开的几类样本混在一起从而无法识别，如图 3.3(a) 所示，在二维空间相互分开的两类样本投影到直线上时变得无法很好地区分。通常，总可以找到某个方向，使得投影在这个方向的直线上的几类样本能分开得最好。Fisher 鉴别准则就是用于解决这样的一个基本问题：如何根据实际情况找到一条最易于分类的投影直线，如图 3.3(b) 中的投影直线。

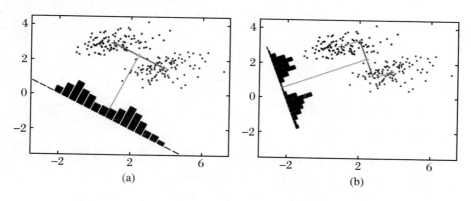

图 3.3　Fisher 鉴别准则的基本原理

Fisher 鉴别准则的基本思想就是维数压缩，即投影，把 d 维空间中的数据点通过选择适当的方向投影到一条直线上去，使得在该投影方向 w 上能够最大限度地区分各类数据点。假设有一组 n 个 d 维 $y_1, y_2, \cdots, y_n$ 的样本 $x_1, x_2, \cdots, x_n$，它们分属于 N 个不同的类别，设每类样本的个数分别为 $n_i (i = 1, 2, \cdots, N)$，则有 $n = \sum_{i=1}^{N} n_i$，如果对 x 中的各个成分做线性组合，就得到一个点积，结果是一个标量：

$$y = w^{\mathrm{T}} x \tag{3.10}$$

这样,全部 n 个样本 $x_1, x_2, \cdots, x_n$ 就产生了 n 个结果 $y_1, y_2, \cdots, y_n$,相应地分属于集合 $G_1, G_2, \cdots, G_N$。我们的目标就是要确定最佳的直线方向 w^*,以达到最好的分类效果。这个最佳的直线方向 w^* 应该能够在把 d 维空间中的所有点转化为一维数值之后,既能最大限度地缩小同类中各个样本点之间的差异,又能最大限度地扩大不同类别中各个样本点之间的差异,使得分类判别更易于进行[14]。

具体方法如下[15]:

(1) 计算各类样本均值向量 μ_i。

$$\mu_i = \frac{1}{n_i} \sum_{x \in G_i} x \quad (i = 1, 2, \cdots, N) \tag{3.11}$$

(2) 计算所有样本类内散布矩阵 S_i 和总体类内散布矩阵 S_w。

$$S_i = \sum_{x \in G_i} (x - \mu_i)(x - \mu_i)^{\mathrm{T}} \quad (i = 1, 2, \cdots, N) \tag{3.12}$$

$$S_w = \sum_{i=1}^{N} S_i \tag{3.13}$$

(3) 计算样本类间散布矩阵 S_b。

$$S_b = \sum_{i=1}^{N} (\mu_i - \mu)(\mu_i - \mu)^{\mathrm{T}} \tag{3.14}$$

其中

$$\mu = \frac{1}{N} \sum_{i=1}^{N} \mu_i \tag{3.15}$$

S_w 和 S_b 都是对称半正定矩阵,且当 $n > d$ 时 S_w 通常是非奇异的。

(4) 求最优投影方向 w^*。

Fisher 鉴别准则是计算一个最优的投影向量 w^*,使得在低维空间里各类样本尽可能地分开,因此可以定义 Fisher 准则函数为

$$J_F(\omega) = \frac{\omega^{\mathrm{T}} S_b \omega}{\omega^{\mathrm{T}} S_w \omega} \tag{3.16}$$

Fisher 鉴别准则将类间散度与类内散度的比值作为衡量投影后数据可分性的一个综合性度量,使得这一综合可分性度量达到最大的向量即为 Fisher 最优投影方向,即

$$\text{maximize} \frac{\det(S_b)}{\det(S_w)} \tag{3.17}$$

可以证明,这个最优投影向量 w^* 就是使 Fisher 准则函数 $J_F(\omega)$ 取极大值的解,也

即下列广义特征值问题的解：

$$S_b w^* = \lambda S_w w^* \tag{3.18}$$

如果 S_w 非奇异，式(3.18)两边左乘 S_w^{-1}，可得

$$S_w^{-1} S_b w^* = \lambda w^* \tag{3.19}$$

求解式(3.19)就是求解矩阵 $S_w^{-1} S_b$ 的特征值。

（5）将训练样本和待测样本分别进行投影。给定任意一个样本 X，将其投影到向量 w^* 上，按下式进行：

$$Y = (w^*)^{\mathrm{T}} X \tag{3.20}$$

对于 N 类分类问题，式(3.20)的广义特征方程最多只有 $N-1$ 个非零广义特征向量，这样，通过 Fisher 鉴别准则就可以把 d 维空间映射到 $N-1$ 维或更低维空间，从而实现了数据降维，最后再根据决策规则（如相似性度量中的欧式距离判据）实现样本的分类。

欧氏距离（Euclidean distance）是一个通常采用的距离定义。假设在 n 维空间中有两个点 $X_1 = (x_{11}, x_{21}, \cdots, x_{n1})$ 和 $X_2 = (x_{12}, x_{22}, \cdots, x_{n2})$，则它们在 n 维空间中的欧氏距离定义为

$$e = \sqrt{\sum_{i=1}^{n} (x_{i1} - x_{i2})^2} \tag{3.21}$$

欧氏距离经常用于表征样本点间的相似程度，距离越近表明越相似。

3. 支持向量机

支持向量机[16,17]（support vector machines，SVM）是建立在统计学习理论[18,19]VC 维理论和结构风险最小化原理基础上的机器学习方法。它在解决小样本、非线性和高维模式识别问题中表现出许多特有的优势，并在很大程度上克服了"维数灾难"和"过学习"等问题。此外，它具有坚实的理论基础和简单明了的数学模型，因此在模式识别、回归分析、函数估计、时间序列预测等领域都得到了长足的发展，被广泛应用于文本识别[20]、手写字体识别[21]、人脸图像识别[22]、基因分类[23]及时间序列预测[24]等方面。标准的支持向量机学习算法问题可以归结为求解一个受约束的二次型规划（quadratic programming，QP）问题。对于小规模的二次优化问题，利用牛顿法、内点法等成熟的经典最优化算法便能够很好地求解。但是当训练集规模很大时，就会出现训练速度慢、算法复杂、效率低下等问题。目前一些主流的训练算法都是将原有大规模的 QP 问题分解成一系列小的 QP 问题，按照某种迭代策略，反复求解小的 QP 问题，构造出原有大规模的 QP 问题的近似解，并使

该近似解逐渐收敛[25]到最优解。

统计学习理论(statistical learning theory,SLT)是一种专门研究小样本情况下机器学习规律的理论。该理论针对小样本统计问题建立了一套新的理论体系,在该体系下的统计推理规则不仅考虑了对渐近性能的要求,而且追求在现有有限信息的条件下得到最优结果。统计学习理论的一个核心概念是 VC 维,模式识别方法中 VC 维的直观定义是:对一个指示函数集,如果存在 h 个样本能够被函数集中的函数按所有可能的 $2h$ 种形式分开,则称函数集能够把 h 个样本打散,函数集的 VC 维就是它能打散的最大样本数目 h。VC 维反映了函数集的学习能力,VC维越大则学习机器越复杂(学习能力越强)。统计学习理论系统地研究了各种类型函数集的经验风险(即训练误差)和实际风险(即期望风险)之间的关系,即推广性的界。

关于两类分类问题有如下结论:对指示函数集中的所有函数,经验风险和实际风险之间至少以概率 $1-\eta$ 满足如下关系:

$$R(w) \leqslant R_{\mathrm{emp}}(w) + \sqrt{\frac{h\left(\ln\frac{2l}{h}+1\right)-\ln\frac{\eta}{4}}{l}} \tag{3.22}$$

式中,h 是函数集的 VC 维,l 是样本数。

该结论从理论上说明了学习机器的实际风险是由两部分组成的:一是经验风险(训练误差);二是置信范围。实际风险与学习机器的 VC 维及训练样本数有关,可以简单地表示为

$$R(w) \leqslant R_{\mathrm{emp}}(w) + \Phi(h/n) \tag{3.23}$$

式(3.23)表明,在有限的训练样本下,学习机器 VC 维越高(复杂度越高)则置信范围越大,导致真实风险与经验风险之间可能的差别越大。这就是为什么会出现"过学习"现象的原因。机器学习过程不但要经验风险最小,还要使 VC 维尽量小以缩小置信范围,才能取得较小的实际风险,即对未来样本有较好的推广性。在此基础上,统计学习理论提出了一种新的策略解决该问题,就是首先把函数集 $S = \{f(x,a), a \in \Omega\}$ 分解为一个函数子集序列:

$$S_1 \subset S_2 \subset \cdots \subset S_k \subset \cdots \subset S \tag{3.24}$$

使各子集能够按照 Φ 的大小排列,也就是按照 VC 维的大小排列,即

$$h_1 \subset h_2 \subset \cdots \subset h_k \subset \cdots \subset h \tag{3.25}$$

在同一子集中置信范围就相同;在每一个子集中寻找最小经验风险和置信范围,取得实际风险的最小值,称作结构风险最小化(structural risk minimization,SRM),

即 SRM 准则。

实现 SRM 可以有两种思路。一是在每个子集中求最小经验风险,然后选择使最小经验风险和置信范围之和最小的子集,该方法显然比较费时,当子集数目很大甚至是无穷时不可行。二是设计函数集的某种结构使每个子集中都能取得最小的经验风险(如使训练误差为 0),然后只需选择适当的子集使置信范围最小,则这个子集中经验风险最小的函数就是最优函数。支持向量机方法实际上就是这种思想的具体实现。

支持向量机(SVM)是建立在统计学习理论基础上的一种数据挖掘方法,能非常成功地处理回归问题(时间序列分析)和模式识别(分类问题、判别分析)等诸多问题,并可推广至预测和综合评价等学科和领域。SVM 的机理是寻找一个满足分类要求的最优分类超平面,使得该超平面在保证分类精度的同时,能够使超平面两侧的空白区域最大化。理论上,支持向量机能够实现对线性可分数据的最优分类。

以两类数据分类为例,给定训练样本集 (x_i, y_i), $i = 1, 2, \cdots, l$, $x \in \mathbf{R}^n$, $y \in \{\pm 1\}$,超平面记作 $(w \cdot x) + b = 0$,为使分类面对所有样本正确分类并且具备分类间隔,就要求它满足如下约束:

$$y_i \big[(w \cdot x_i) + b \big] \geqslant 1 \quad (i = 1, 2, \cdots, l) \tag{3.26}$$

可以计算出分类间隔为 $\dfrac{2}{\parallel w \parallel}$,因此构造最优超平面的问题就转化为在约束式下求

$$\min \Phi(w) = \frac{1}{2} \parallel w \parallel^2 = \frac{1}{2} (w' \cdot w) \tag{3.27}$$

为了解决该约束最优化问题,引入 Lagrange 函数:

$$L(w, b, a) = \frac{1}{2} \parallel w \parallel - a_i (y((w \cdot x) + b) - 1) \tag{3.28}$$

式中,$a_i > 0$ 为 Lagrange 乘数。约束最优化问题的解由 Lagrange 函数的鞍点决定,并且最优化问题的解在鞍点处满足对 w 和 b 的偏导为 0,将该 QP 问题转化为相应的对偶问题,即

$$\max Q(a) = \sum_{j=1}^{l} a_j - \frac{1}{2} \sum_{i=1}^{l} \sum_{j=1}^{l} a_i a_j y_i y_j (x_i \cdot x_j)$$

$$\text{s.t.} \quad \sum_{j=1}^{l} a_j y_j = 0 \quad (j = 1, 2, \cdots, l; a_j \geqslant 0) \tag{3.29}$$

解得最优解 $a^* = (a_1^*, a_2^*, \cdots, a_l^*)^{\mathrm{T}}$。

计算最优权值向量 w^* 和最优偏置 b^*,分别为

$$w^* = \sum_{j=1}^{l} a_j y_j \qquad (3.30)$$

$$b^* = y_i - \sum_{j=1}^{l} y_j a_j^* (x_j \cdot x_i) \qquad (3.31)$$

式中，下标 $j \in \{j \mid a_j^* > 0\}$。因此得到最优分类超平面 $(w^* \cdot x) + b^* = 0$，而最优分类函数为

$$f(x) = \mathrm{sgn}\{(w^* \cdot x) + b^*\} = \mathrm{sgn}\left\{\left(\sum_{j=1}^{l} a_j^* y_j (x_j \cdot x_i)\right) + b^*\right\} \quad (x \in \mathbf{R}^n)$$

$$(3.32)$$

对于线性不可分情况，SVM 的主要思想是将输入向量映射到一个高维的特征向量空间，并在该特征空间中构造最优分类面。对 x 做从输入空间 $\mathbf{R}^n$ 到特征空间 H 的变换 Φ，得

$$x \rightarrow \Phi(x) = (\Phi_1(x), \Phi_2(x), \cdots, \Phi_l(x))^{\mathrm{T}} \qquad (3.33)$$

以特征向量 $\Phi(x)$ 代替输入向量 x，则可以得到最优分类函数为

$$f(x) = \mathrm{sgn}(w \cdot \Phi(x) + b) = \mathrm{sgn}\left(\sum_{j=1}^{l} a_i y_i \Phi(x_i) \cdot \Phi(x) + b\right) \quad (3.34)$$

在上面的对偶问题中，无论是目标函数还是决策函数，都只涉及训练样本之间的内积运算，在高维空间避免了复杂的高维运算而只需进行内积运算。

4. k 最近邻

最近邻规则是一个最古老、最简单也是最重要的模式识别和类别推理的方法。如今最近邻规则已被广泛应用于各种人工智能问题，如模式识别、数据挖掘、后验概率的估计、基于相似性的分类、计算机视觉和生物信息学等。最近邻的发展涉及各个方面，从算法创新到理论分析，还有和可视化的结合[26]。

给定一个样品集 U，用一些输入变量 C（也称为条件属性、特征）和输出变量 D（分类决定）来进行描述，分类学习的任务是在训练样本集的基础上构建从特征到分类的映射。最流行的学习和分类技术之一是最近邻搜索，由 Fix 和 Hodges 提出，它已被证明是一个简单但功能强大的识别算法。1968 年，Cover 和 Hart 提出了最初的近邻法[27]。最简单的近邻决策规则是最近邻决策规则。所谓最近邻决策，是寻找与待测样本最近的已知样本，认为待分类样本与后者同属一类。最近邻分类器因其简单高效而成为广泛应用的分类器之一，由此也引发了相当强烈的研究兴趣。

k 最近邻分类算法（KNN）是最近邻法的一个推广，也是在实践中比较流行的

一种分类方法。该算法将最近邻法中取最近邻的 1 个样本扩展为 k 个,在这 k 个样本中,哪个类的样本多,就把待测样本归为哪个类。较最近邻算法,KNN 利用了更多的测试样本,可以获得更好的贝叶斯(Bayes)估计的错误率,其错误率趋近于最优贝叶斯的错误率(Duda 和 Hart)。

给定一个未知特征向量 x 和一种距离测量方法,于是,在 N 个训练向量之外,不考虑类的标签来确定 k 近邻。在两类的情况下,k 选为奇数,一般不是类 M 的倍数。

在 k 个样本之外,确定属于 $\omega_i(i=1,2,\cdots,M)$ 类的向量的个数 k_i,显然 $i=k$。x 属于样本最大值 k_i 的那一类 ω_i。可以使用不同的距离测量方法,包括欧几里得距离和 Mahalanobis。这种算法最简单的情况是 $k=1$,称为近邻规则(nearest neighbor,NN)[28],即特征向量 x 被归到最近邻的类中。在大规模数据集情况下,最近邻算法具有良好的性能,这已从理论上得到证实。当 $N\to\infty$ 时,NN 规则的分类错误率 P_{NN} 受

$$P_B \leqslant P_{NN} \leqslant P_B\left(2 - \frac{M}{M-1}P_B\right) \leqslant 2P_B \tag{3.35}$$

限制,其中 P_B 是最优贝叶斯理论错误率。因此,最近邻分类器的最大误差是最优贝叶斯理论分类器的两倍。

从字义上看,k 最近邻分类算法就是取未知样本 x 的 k 个近邻,看这 k 个近邻中多数属于哪一类,就把 x 归为哪一类。具体说就是:在 N 个已知训练样本中找出待测样本 x 的 k 个近邻。设这 N 个已经训练的样本中,来自 ω_1 的样本有 N_1 个,来自 ω_2 的样本有 N_2 个……来自 ω_c 的样本有 N_c 个,若 $k_1,k_2,\cdots,k_c$ 分别是 k 个近邻中属于 $\omega,\omega_2,\cdots,\omega_c$ 类的样本数,则我们可以定义判别函数为 $g_i(x)=k_i$ $(i=1,2,\cdots,c)$。

决策规则为:若 $g_j(x)=\max k_i$,则决策 $x\in\omega_j$。

KNN 的渐近性能优于 NN 法,且已经发现许多约束条件。例如,对于如下两类情况:

$$P_B \leqslant P_{NN} \leqslant P_B + \frac{1}{\sqrt{ke}} \tag{3.36}$$

或

$$P_B \leqslant P_{NN} \leqslant P_B + \sqrt{\frac{2P_{NN}}{k}} \tag{3.37}$$

这二者都表明当 $k\to\infty$ 时,KNN 趋于最优算法。而且,对于贝叶斯理论误差小的

情况,下面的近似值是有效的。

$$P_{NN} \approx 2P_B \tag{3.38}$$

$$P_{3NN} \approx P_B + 3(P_B)^2 \tag{3.39}$$

因此,在 N 足够大且贝叶斯理论误差足够小的情况下,3NN 和贝叶斯分类器的性能相近。比如设贝叶斯分类器的错误率为 1%,则 3NN 的错误率为 1.03%。对于更大的 k 值,相似度增加。这种算法的优点是没有太多的数学计算。在 N 足够大的条件下以 x 为中心,包含 k 个点的超球面半径(欧几里得距离)趋于零。这是很正常的,因为对于非常大的 N,我们期望空间被样本致密地填充。所以,x 的 k 近邻会距它非常近,且 x 周围超球面内的所有点的条件概率近似等于 $P(\omega_i|x)$ (假设是连续的)。当 k 足够大时,区域内的大多数点属于最大条件概率对应的类。因此,k 最近邻分类器趋向于贝叶斯分类器。诚然,所有这些都是渐近于真值的。在有限样本的情况下,可能会出现反例,即 KNN 结果比 NN 的错误率高。

5. 偏最小二乘回归

设有 p 个自变量 $(X_1, X_2, \cdots, X_p)$ 和 q 个因变量 $(Y_1, Y_2, \cdots, Y_q)$,观测了 n 个样本点,由此构成了自变量与因变量的数据表 $X = [X_1, X_2, \cdots, X_p]_{n \times p}$ 和 $Y = [Y_1, Y_2, \cdots, Y_q]_{n \times q}$。偏最小二乘法(PLS)回归分别在 X 和 Y 中提取成分 t_1 和 u_1,即 t_1 是 $X_1, X_2, \cdots, X_p$ 的线性组合,u_1 是 $Y_1, Y_2, \cdots, Y_q$ 的线性组合。在提取成分时有下列两个要求[29]:

(1) t_1 和 u_1 应尽可能地携带各数据表中的信息。

(2) t_1 和 u_1 的相关程度能够达到最大。

这两个要求表明,t_1 和 u_1 应尽可能好地代表数据表 X 和 Y;同时自变量的成分 t_1 对因变量的成分 u_1 要具有最强的解释能力。在第一成分 t_1 和 u_1 被提取后,根据各因变量 Y_k 与成分 t_1 的散点图的趋势曲线,分别实施 Y_k 对 t_1 的多项式回归及 X 对 t_1 的线性回归。如果回归方程已达到满意的精度,则算法停止。否则将利用 X 被 t_1 解释后的残余信息以及 Y 被 t_1 解释后的残余信息进行第二轮成分的提取。如此反复,直到能达到一个较满意的精度为止。若最终对 X 共提取了 m 个成分,偏最小二乘法将通过施行 Y_k 对 $t_1, t_2, \cdots, t_m$ 的多项回归,再表达成 Y_k 关于原自变量 $X_1, X_2, \cdots, X_p$ 的回归方程。

偏最小二乘回归的算法可归纳为如下步骤:

(1) 将原始数据表 X、Y 标准化,得到标准化后的自变量矩阵 E_0、F_0。

(2) 提取第一轴 W_1 和 c_1 及相应的第一成分 t_1 和 u_1:

$$t_1 = E_0 w_1 \tag{3.40}$$

$$u_1 = F_0 c_1 \tag{3.41}$$

式中，w_1 是矩阵 $E_0' F_0 F_0' E_0$ 的最大特征值对应的单位化的特征向量，c_1 是矩阵 $F_0' E_0 E_0' F_0$ 的最大特征值对应的单位化的特征向量。

（3）分别求 E_0 和 F_0 对 t_1 的回归方程：

$$E_0 = t_1 p_1' + E_1 \tag{3.42}$$

$$F_{0k} = a_{0k} + a_{1k} t_1 + \cdots + a_{nk} t_1^n + F_{1k}$$

$$= \sum_{i=0}^{n} a_{ik}' t_1^i + F_{1k} \quad (k = 1, 2, \cdots, q) \tag{3.43}$$

式中，回归系数向量 $P_1 = \dfrac{E_0'}{\parallel t_1 \parallel^2}$；$F_{0k}$ 表示第 k 个因变量；a_{ik}' 表示第 k 个因变量 F_{0k} 对第一成分 t_1 的回归多项式 t_1^i 项的回归系数；n_{ik}' 表示第 k 个因变量 F_{0k} 对第一成分 t_1 的回归多项式次数；F_{1k} 表示第 k 个因变量 F_{0k} 回归后的残差，有

$$F_1 = [F_{11}, F_{12}, \cdots, F_{1q}] \tag{3.44}$$

E_1、F_1 分别是两个回归方程的残差矩阵。

（4）检验收敛性。如果不满足精度的要求，可以用残差矩阵 E_1 和 F_1 来替代 E_0 和 F_0，然后求得第二个轴和第二个成分。重复以上步骤，直至达到精度要求。若计到第 m 个成分后计算终止，则有

$$E_0 = t_1 p_1' + t_2 p_2' + \cdots + t_m p_m' = \sum_{i=1}^{m} t_i p_i' t_i p_i' \tag{3.45}$$

$$F_{0k} = \sum_{i=0}^{n_k'} a_{ik}' t_1^i + \cdots + \sum_{i=0}^{n_k^m} a_{jk}' t_1^i \tag{3.46}$$

（5）还原变量。

已知 $t_1, t_2, \cdots, t_m$ 都可以用 $E_{01}, E_{02}, \cdots, E_{0p}$ 的组合来表示，故回归方程可以表示为

$$Y_k^* = F_{0k} \tag{3.47}$$

$$X_j^* = E_{0k} \tag{3.48}$$

$$Y_k^* = \sum_{i=0}^{n_k^1} a_{ik}^1 \left(\sum_{j=1}^{p} \beta_{1j} X_j^* \right)^i + \cdots + \sum_{i=0}^{n_k^m} a_{ik}^m \left(\sum_{j=1}^{p} \beta_{mj} X_j^* \right)^i \tag{3.49}$$

式中，β_{mj} 是 $X_1^*, X_2^*, \cdots, X_p^*$ 标准化后的变量线性组合第 m 个成分 t_m 时 X_j^* 的组合系数；Y^*、X^* 是经过标准化后的变量，然后按照标准化的逆过程还原 Y^* 和 X^*。

3.3.2 智能模式识别

1. 人工神经网络

人工神经网络（artificial neural network，ANN）是一种通过模仿人或动物神经网络行为特征，进行分布式并行信息处理的数学模型。这种网络依靠系统的复杂程度，通过调整内部大量节点之间相互连接的关系，达到处理信息的目的。ANN 通过预先提供的一批相互对应的"输入数据—输出数据"，分析、掌握两者之间潜在的规律，最终根据这些规律，用新的"输入数据"来推算"输出结果"，这种学习分析[30]的过程被称为"训练"。ANN 通常被认为是较有前途的一种方法，其特点和优越性主要表现在三个方面：第一，具有自学习、自适应功能；第二，具有联想存储功能；第三，具有高速寻找优化解的能力。此外，它能够解决非线性问题，在处理噪声和漂移方面比传统的统计方法更为优越。目前，许多人工神经网络被用于处理传感器阵列的信号，如 BP 神经网络（back propagation trained neural network）、径向基神经网络（radial basis function neural network）、模糊神经网络（fuzzy neural network）、自组织网络（self-organizing network）等。

人的大脑有 100 亿个神经细胞，这些细胞相互连接并协同合作，使大脑能够进行复杂的记忆、分析和推理的工作。人类的大脑就是一个巨大的神经网络，早期的科学家试图探索人脑神经网络的原理，并希望能够利用计算机人工神经来模拟人脑。神经网络的研究最早可以追溯到 20 世纪 40 年代。McCu1llohpitts 证明神经元可模拟为一个简单的阈值装置进行逻辑函数操作[31,32]。同期，维纳建立了控制理论，详述了神经网络的反馈、工作原理和脑功能之间的联系[33]。1949 年，Hebb 提出了改变神经元连接强度的 Hebb 规则[34]，目前研究神经网络模型时这一规则仍然起着重要的作用。20 世纪 60 年代，出现了两种著名的神经模型，即 Rosenblatt 提出的用于模式识别的感知机（perceptron）[35]和 Widrow-Hoff 提出的用于自适应信号处理和自适应控制的 Adline[36]。到了 20 世纪 70 年代，波士顿大学的 Crossberg 教授致力于神经网络的研究，提出了自适应共振理论（ART）[37]，赫尔辛基大学的 Kohonen 教授提出了自组织特征映射模型（SOMF）[38]。进入 20 世纪 80 年代后，随着 Hopfield 网络模型的提出，神经网络的研究有了突破性的进展。

人工神经网络从一开始就和模式识别有着紧密的联系，利用人工神经网络的模式识别也一度成为科学家研究的热点。20 世纪 90 年代，神经网络的研究进入低潮,人们开始将统计学理论应用于模式识别,这类理论比较完善,方法也多,已经成为一个完整的体系,但它的缺点是以风险最小化的方法去寻找最优分类超平面,而没有从数据集本身的内在性质进行分析。所以,我们有必要研究结合人类认识事物的特点对数据集的内在性质进行分析,来建立一种新型的神经网络模型。神经网络模式识别分类器的基本结构如图 3.4 所示。它们有 Hopfield 网络、Hamming 网络、Grossberg 网络、单层和多层感知器以及 Kohonen 的自组织特征映射。

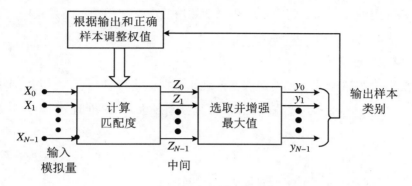

图 3.4　神经网络分类器基本结构

实际上,前面所提及的网络模型只是极小的一部分,远远不能穷尽当前所应用到的神经网络分类器。分析这些有限的神经网络分类器的特点及原理,就会知道在模式识别中任何神经网络分类功能的实现均决定于以下 3 个因素:

(1) 网络神经元的非线性函数形式。

(2) 网络学习方式。

(3) 网络工作状态及连接方式。

由此可知,多层前向网络本质上几乎是所有神经网络模式识别分类器的基础,而决定着网络分类功能实现方式的则是隐层各神经元非线性函数的形式,如 MLP 的隐单元采用硬限幅(hard-limit)或 S 形函数(sigmoid),整个网络即由各个隐单元形成的线性超平面边界互相连接,构成多段线性分类边界。而径向基函数 RBF 等其他核函数分类器以及按范例分类的分类器等,均采用了不同形式的核函数,并以各隐层核函数形成圆形的划分边界(RBF)、线性超平面划分边界(LVQ、KNN)等方式来实现对任意复杂分类边界的逼近。在实际应用中,各种非线性函数对于不同的分类问题,常常是各有所长。例如,对于两类问题,采用 Sigmoid 函数的 MLP 网络用两个隐层可以实现正确分类,采用 RBF 只用一个隐层即可,而对于其他一些分类问题,采用 MLP 则可以更容易、更简单地实现。所以,对于神经网络分类器,我们不能说某一种非线性函数形式就是最好的,但可以肯定的是采用硬限幅函数或 Sigmoid 函数的隐单元实现的线性超平面分类边界是最简单的形式,同时在它的基础上通过增加隐单元和隐层数可以实现任何其他非线性函数分类器的分类边界。

综上所述,神经网络模式识别最基本也最通用的形式是采用硬限幅或 Sigmoid 函数的多层前馈神经网络模型,它为所有神经网络模式识别分类器提供了一个基础和应用的原型,BP 网络在模式识别领域的广泛应用并不断发展已经充分证明了这一点。

2. 模糊推理系统

传统二值逻辑推理的规则是假言推理。按照假言推理,我们可以从 A 的真实性和隐含关系 A or B,获得命题 B 的真实性。以下的推理过程说明了这个概念[39]:

前提 1:x 是 A。

前提 2:如果 x 是 A,则 y 是 B。

后件(结论):y 是 B。

然而,人类推理的大多数情况都是以近似的方式来应用假言推理。例如,对于隐含规则"如果苹果是红的,则它是熟的",已知事实"苹果或多或少有些红",则可以推得"苹果或多或少有些熟"。可以表达为:

前提 1:x 是 A'。

前提 2:如果 x 是 A,则 y 是 B。

后件(结论):y 是 B'

其中,A' 接近于 A,B' 接近于 B。当 A' 和 A、B' 和 B 都是适当论域的模糊集时,这个推理过程被称为近似推理或模糊推理,也称为广义假言推理(简称 GMP),可知,假言推理是它的一个特例。

模糊逻辑的核心就是模糊推理。概括地讲,模糊推理是将假言推理模糊化后的推理过程。近似推理或模糊推理的过程分为以下 4 步:

(1) 求出匹配度。将已知事实与模糊规则前件进行比较,求出事实对每个前件的匹配度。

(2) 求出激励强度。使用模糊与、或算子,将各前件 MF 的匹配度合并,求出表示模糊规则被满足程度的激励强度。

(3) 生成有效的后件 MF。对规则的后件 MF 作用激励强度,生成有效的后件 MF。

（4）求得总输出 MF。综合所有的有效后件 MF，求得总输出 MF。

以上 4 步构成了模糊推理系统的主要部分。

模糊推理系统（FIS）是建立在模糊集合理论、模糊 if‑then 规则和模糊推理等概念基础上的先进计算框架。模糊推理系统的基本结构主要由 3 个部分构成：① 一个规则库，包含一系列模糊规则；② 一个数据库，定义了模糊规则中用到的隶属度函数；③ 一个推理机制，指的是基于模糊推理的推理机制，它按照规则和所给事实执行推理过程，求出有效的输出[40]或结论。值得注意的是，基本的模糊推理系统既可以有模糊输入，也可以有精确输入，我们将该精确输入看作是模糊单点。这一点也说明模糊推理系统具有同时解决定性问题和定量问题的能力。模糊推理产生的输出均为模糊集。要获得精确输出时，必须应用去模糊化方法来提炼出表示模糊集合的精确值。

模糊推理系统的一般推理步骤如图 3.5 所示。

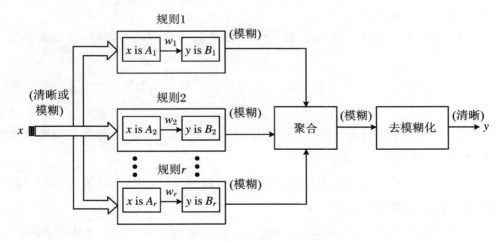

图 3.5　模糊推理系统的推理步骤

可见，去模糊化模块之前的步骤为模糊推理（近似推理）的过程。当有精确输入和输出时，模糊推理系统实现从输入到输出的非线性映射。这个映射是由一组模糊 if‑then 规则来完成的，我们可以认为每个规则描述映射的局部行为。在 FIS 中，模糊规则用于获取不精确信息并且表示为不精确（自然语言）的推理模式，这就使 FIS 具有近似于人类的在不精确和不确定环境下的推理能力。FIS 旨在模拟人脑处理概念的不确定性，为解决人类认知的主观性问题提供方法。

下面，我们将介绍三类主要的模糊推理系统[41]。这三类模糊推理系统的主要差别在于模糊规则后件的不同。根据模糊推理类型和模糊 if‑then 规则的表达形式,绝大多数的模糊推理系统可以划分成以下三大类:

(1) Tsukamoto 模糊模型。系统总输出表达成每条规则精确输出的加权平均,每条规则的精确输出由前件的激励强度(应用乘积或极小算子进行计算)和后件的隶属度函数决定。后件的隶属度函数通常是一个单调函数。

(2) Mamdnai 模糊模型。总的模糊输出由一个"极大"算子将全部规则的有效后件集合而成(每条模糊规则的有效输出由前件的激励强度和后件隶属度函数共同决定)。有很多种去模糊化方法可以用来计算从总的模糊输出到总的精确输出,例如面积中心法、面积等分法、极大平均法等。

(3) Sugeno 模糊模型。应用 Takagi 和 Sugeno 的模糊规则的模糊推理系统。每条规则的输出是输入变量的线性组合加一个常数项,总的输出是每条规则输出的加权平均。

为了完整描述一个模糊推理系统的全部运算过程,我们必须为以下各模糊推理算子确定一个函数:

(1) 与算子(AND)。用于计算由"与"连接前件规则的激励强度,通常是 T 范式。

(2) 或算子(OR)。用于计算由"或"连接前件规则的激励强度,通常是 T 协范式。

(3) 隐含算子(implication)。用于根据给定的激励强度,计算每条规则有效后件的 MF,通常是 T 范式。

(4) 聚合算子(aggregate)。用于聚合所有的有效后件 MF,从而得到综合输出 MF,通常是 T 协范式。

(5) 去模糊化算子(defuzzification operator)。用于将总输出 MF 转换成一个精确输出值。

以上五种算子都具体化后,就唯一确定了一个模糊推理系统(FIS)。

3. 遗传算法(GA)

遗传算法是由美国 Michigan 大学的 Holland 教授于 1969 年提出,后经 De-Jong、Goldberg 等人归纳总结[42]所形成的一类模拟进化算法[43‑45]。它来源于达尔文的进化论、魏茨曼的物种选择学说和孟德尔的群体遗传学说。遗传算法是模拟自然界生物进化过程与机制求解极值问题的一类自组织、自适应人工智能技术[46],其基本思想是模拟自然界遗传机制和生物进化过程搜索最优解,具有坚实的生物学基础;它提供从智能生成过程观点对生物智能的模拟,具有鲜明的认知学意义;它适合于无表达或有表达的任何类函数,具有可实现的并行计算行为;它能解决任何种类实际问题,具有广泛的应用价值。因此,遗传算法广泛应用于自动控制、计算科学、模式识别、工程设计、智能故障诊断、管理科学和社会科学等领域,适用于解决复杂的非线性和多维空间寻优问题。

遗传算法作为一种自适应全局优化搜索算法,使用二进制遗传编码,即等位基因 $\Gamma = \{0,1\}$,个体空间 $H_L = \{0,1\}$,且繁殖分为交叉与变异两个独立的步骤进行。其基本执行过程如下[47]:

(1) 初始化。确定种群规模 N、交叉概率 P_c、变异概率 P_m;置终止进化准则;随机生成 N 个个体作为初始种群 $X(0)$;置进化代数计数器 $t \to 0$。

(2) 个体评价。计算或评价 $X(t)$ 中各个体的适应度。

(3) 种群进化。

① 选择(母体)。从 $X(t)$ 中运用选择算子选择出 $M/2$ 对母体($M \geqslant N$)。

② 交叉。对所选择的 $M/2$ 对母体,依概率 P_c 执行交叉形成 M 个中间个体。

③ 变异。对 M 个中间个体分别独立依概率 P_m 执行变异,形成 M 个候选个体。

④ 选择(子代)。从上述形成的 M 个候选个体中依适应度选择出 N 个个体组成新一代种群 $X(t+1)$。

(4) 终止检验。如已满足终止准则,则输出 $X(t+1)$ 中具有最大适应度的个体作为最优解,终止计算;否则置 $t \to t+1$ 并转③。

遗传算法利用了生物进化和遗传的思想。它不同于枚举法、启发式算法、搜索算法等传统的优化方法,具有如下特点:

(1) 自组织、自适应和智能性。遗传算法消除了算法设计中的一个最大障碍,即需要事先描述问题的全部特点,并说明针对问题的不同特点算法应采取的措施,因此,它可用来解决复杂的非结构化问题,具有很强的鲁棒性。

(2) 直接处理的对象是参数编码集,而不是问题参数本身。

(3) 搜索过程中使用的是基于目标函数值的评价信息,搜索过程既不受优化函数连续性的约束,也没有优化函数必须可导的要求。

(4) 易于并行化,可降低由于使用超强计算机硬件所带来的昂贵费用。

(5) 基本思想简单,运行方式和实现步骤规范,便于具体应用。

4. 深度学习

深度学习(deep learning)是机器学习的分支,它试图使用包含复杂结构或由多重非线性变换构成的多个处理层对数据进行高层抽象。

深度学习是机器学习中一种基于对数据进行表征学习的方法。观测值（例如一幅图像）可以使用多种方式来表示，如每个像素强度值的矢量，或者更抽象地表示成一系列边、特定形状的区域等，而使用某些特定的表示方法更容易从实例中学习任务（例如人脸识别或面部表情识别）[48]。深度学习用非监督式或半监督式的特征学习和分层特征提取的高效算法来替代手工获取特征，这是它的优胜之处。

表征学习的目标是寻求更好的表示方法并创建更好的模型来从大规模未标记数据中学习这些表示方法。表达方式来自神经科学，并松散地创建在对类似神经系统中信息处理和通信模式的理解上，如神经编码，试图定义拉动神经元的反应之间的关系以及大脑中神经元的电活动之间的关系。

至今已有数种深度学习框架，如深度神经网络、卷积神经网络、深度信念网络和递归神经网络被应用到计算机视觉、语音识别、自然语言处理、音频识别与生物信息学等领域并取得了极好的效果。

深度学习框架，尤其是基于人工神经网络的框架，可以追溯到 1980 年福岛邦彦提出的新认知机[49]，而人工神经网络的历史则更为久远。1989 年，燕乐存（Yan Lecun）等人开始将 1974 年提出的标准反向传播算法[50]应用于深度神经网络，这一网络被用于手写邮政编码识别。尽管算法可以成功执行，但计算代价非常巨大，神经网络的训练时间达到了 3 天，因而无法投入实际使用[51]。许多因素导致了这一缓慢的训练过程，其中一种是于尔根·施密德胡伯（Jürgen Schmidhuber）的学生赛普·霍克赖特（Sepp Hochreiter）于 1991 年提出的梯度消失问题[52,53]。与此同时，神经网络也受到了其他更加简单模型的挑战，支持矢量机等模型在 20 世纪 90 年代到 21 世纪初成为更加流行的机器学习算法。

"深度学习"这一概念从 2007 年前后开始受到关注。当时，杰弗里·辛顿（Geoffrey Hinton）和鲁斯兰·萨拉赫丁诺夫（Ruslan Salakhutdinov）提出了一种在前馈神经网络中进行有效训练的算法。这一算法将网络中的每一层视为无监督的受限玻尔兹曼机，再使用有监督的反向传播算法进行调优[54]。此前的 1992 年，在更为普遍的情形下，施密德胡伯也曾在递归神经网络上提出一种类似的训练方法，并在实验中证明这一训练方法能够有效提高有监督学习的执行速度。

自深度学习出现以来，它已在很多领域，尤其是计算机视觉和语音识别中，成为各种领先系统的一部分。在通用的用于检验的数据集，例如语音识别中的 TIMIT 和图像识别中的 ImageNet、Cifar10 上的实验证明，深度学习能够提高识别的精度。

硬件的进步也是深度学习重新获得关注的重要因素。高性能图形处理器的出现极大地提高了数值和矩阵运算的速度,使得机器学习算法的运行时间得到了显著的缩短。

深度学习的基础是机器学习中的分散表示(distributed representation)。分散表示假定观测值由不同因子相互作用生成。在此基础上,深度学习进一步假定这一相互作用的过程可分为多个层次,代表对观测值的多层抽象。不同的层数和层的规模可用于不同程度[55]的抽象。

深度学习运用了这一分层次抽象的思想,更高层次的概念从低层次的概念学习中得到。这一分层结构常常使用贪婪算法逐层构建而成,并从中选取有助于机器学习的更有效的特征[55]。

不少深度学习算法都以无监督学习的形式出现,因而这些算法能被应用于其他算法无法企及的无标签数据,这一类数据比有标签数据更丰富,也更容易获得。这一点也是深度学习的主要优势之一[55]。

3.4　实　例　分　析

本章前 3 节对机器嗅觉中的数据处理做了一个比较系统的介绍,在 3.3 节中介绍了统计识别和智能识别两大类模式识别算法,并分别在统计模式识别和智能模式识别中介绍了几种具体的模式识别算法。

下面分别给出基于统计识别算法和智能识别算法应用于机器嗅觉系统的气味采集识别模块的实例分析。

3.4.1　统计模式识别实例分析

1. 基于 PEN3 的中药材新鲜度检测

实例中采用德国 Airsense 公司的 PEN3 电子鼻采集气味原始数据,再分别利用 PCA 和 LDA 识别算法对采集的气味原始数据进行处理,以区分不同新鲜度的中药材。

分析了 4 种中药材样品,薄荷药材和广藿香药材从广州某中药店购买,新鲜薄荷和广藿香由实验员从广东药学院药圃采摘。采用的电子鼻系统是德国 Airsense 公司制造的 PEN3 便携式电子鼻(portable electronic nose)。多次实践表明,实验中每种样品都连续采样 12 次效果比较好。每个传感器达到稳定均需要一定的时间,前 5 次采样时传感器有可能还没有达到足够稳定状态,故选用第 6 次至第 10 次采样得到的 5 个文件中 40~50 s 的 55 个数据向量(由 10 个传感器的数据构成的 10 维向量)进行模式的建立。

对广藿香药材、新鲜广藿香、薄荷药材及新鲜薄荷等 4 种中药材样品的原始特征参数进行主成分分析(PCA 分析),前 2 个主成分的累积方差贡献率已经超过 90%,达到 99.41%,其中第 1 个主成分方差贡献率为 95.78%,第 2 个主成分方差贡献率为 3.63%。根据前 2 个主成分的得分值,可画出广藿香药材、新鲜广藿香、薄荷药材及新鲜薄荷 4 种中药材的二维分布图,如图 3.6 所示,其中每 1 个点代表 1 种样本。可见通过 PCA 分析就能够将所有样品 100% 鉴别出来。

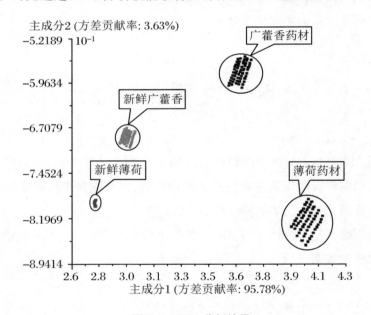

图 3.6　PCA 分析结果

对广藿香药材、新鲜广藿香、薄荷药材及新鲜薄荷 4 种中药材样品的特征参数进行线性判别分析(LDA 分析),前 2 个主成分的累积方差贡献率也超过 90%,达到 98.99%,其中第一主轴方差贡献率为 70.23%,第二主轴方差贡献率为 28.76%。根据前 2 个主成分的得分值,可画出广藿香药材、新鲜广藿香、薄荷药材及新鲜薄荷 4 种中药材的二维分布图,如图3.7所示,其每 1 个点代表 1

种样本。可见通过 LDA 分析也同样能够将所有样品 100% 鉴别出来。

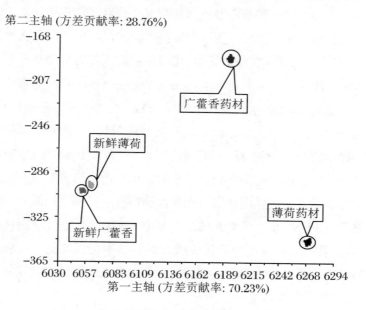

图 3.7　LDA 分析结果

由广藿香药材、新鲜广藿香、薄荷药材及新鲜薄荷 4 种中药材样品的原始特征参数分别进行主成分分析（PCA）和线性判别分析（LDA），根据前 2 个主成分的得分值，可画出 4 者的二维分布图，由图 3.6 和图 3.7 可以得到以下结论：运用德国Airsense 公司制造的 PEN3 便携式电子鼻，能够很好地提取中药材挥发的气味信息来建立气味信息谱，达到鉴别不同类中药材及其不同新鲜度的目的，具有重要的实际意义和应用价值。无论是采用 PCA 分析还是采用 LDA 分析，都能 100% 区别出这 4 种中药材。只是 PCA 分析图中每类样品点主要呈带状分布，集中度不是很高，但区分度较大，而 LDA 分析中不同中药材样品点的分布高度集中，但新鲜广藿香与新鲜薄荷的样品点分布相对比较接近，在模式识别中是一个不利因素。

2．在精细化工领域的应用

上述实例分别运用 PCA 和 LDA 识别算法对不同新鲜度的中药材进行检测，且都可以完全区分，但这并不意味着这 2 种识别算法可以对所有样本进行区分。当单独使用某一种算法无法很好地区分样本时，可以把某几种算法结合起来运用到样本区分中。

仿生嗅觉以其能精确区分气味的特点，近年来越来越多地应用在香料、香水和化妆品领域中。许多生产和检测部门用它来检测商品质量并区分商品等级,部分化妆品行业用它来帮助顾客确定哪种润肤霜更适合自己。香精是由人工合成的模仿水果和天然香料气味的浓缩芳香油,是一种人造香料,也是各种香水和化妆品的原料,所以考察各种仪器或方法对香水、化妆品的鉴别能力主要是看其对香精的鉴别能力。传统方法采用专家评定和化学分析方法相结合进行,专家评定往往受人的生理、经验、情绪、环境等主客观因素影响,难以做到科学与客观,而且人的感官容易疲劳、适应和习惯;而化学分析方法所需时间较长,得到的结果是一些数字化的东西,与人的感官感受不一样,不直观。因此,用客观准确的仿生嗅觉鉴别方法代替人工品闻嗅味和挥发物是人们多年来的愿望。仿生嗅觉对气味检测的准确性以及相对于传统方法的快速性和实时性使这种情况有了彻底的改变。

　　研究组采用 PEN3 仿生嗅觉系统做香精香料的实验,不仅可以区分不同种类的香精香料,而且可以获得不同种类香精香料的基本特征数据。实验样品由斯德宝香精香料公司提供,有牛奶、水蜜桃和巧克力 3 种气味类型。分别对 3 种香精进行检测,获得的原始数据如图 3.8 所示。

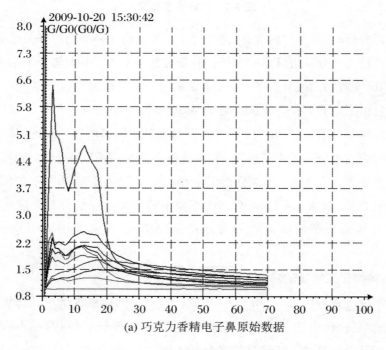

(a) 巧克力香精电子鼻原始数据

图 3.8　3 种香精的原始数据图

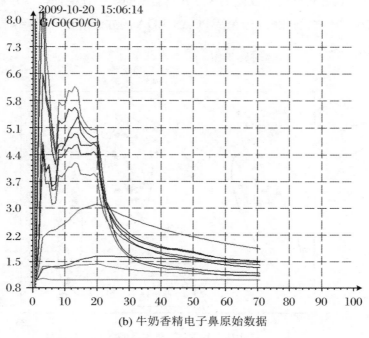

(b) 牛奶香精电子鼻原始数据

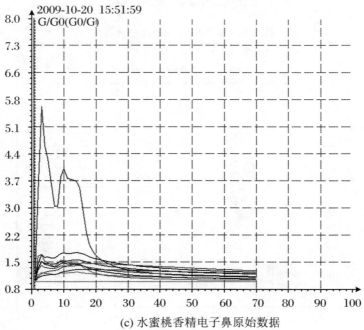

(c) 水蜜桃香精电子鼻原始数据

续图 3.8

通过计算机分析软件可以完全区分开实验中的 3 种香精香料。分别使用主成分分析 PCA、线性判别分析 LDA 及 PCA＋LDA 的方法进行分析，结果如图 3.9、图 3.10 及图 3.11 所示。

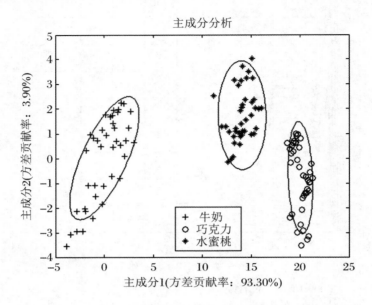

图 3.9　基于 PCA 的静态分析结果

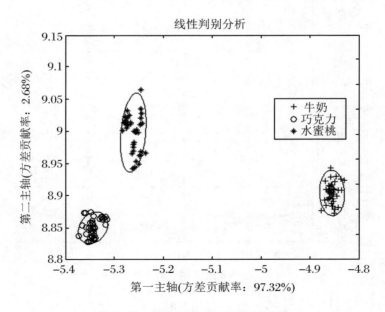

图 3.10　基于 LDA 的静态分析结果

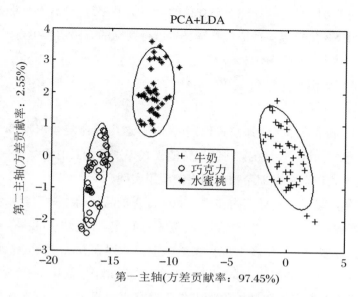

图 3.11　基于 PCA＋LDA 的静态分析结果

　　观察以上 3 个图,容易看出图 3.11 基于 PCA＋LDA 的分析方法效果最好且区分度最高。继续检测 3 种未知样品,把得到的数据与之前实验得到的香精香料基本特征数据进行比对,通过基于 PCA＋LDA 的分析方法进行模式识别,得到的结果如图 3.12 所示。

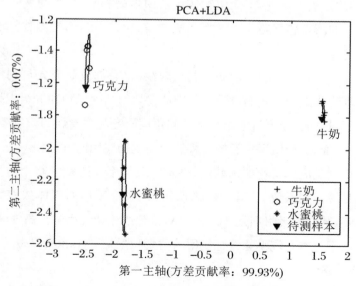

图 3.12　PCA＋LDA 的待测样本相关性判别结果

由图 3.12 可以看出对 3 种未知香精的辨别结果非常理想,没有误判。本实验说明,通过 PEN3 仿生嗅觉系统对香精香料进行判别的方法切实可行。

3.4.2　智能模式识别实例分析

在 3.4.1 节中介绍了统计模式识别的实例,运用统计模式识别算法可以对某些样本进行很好的区分,但在某些领域智能模式识别可能具有更好的区分性,接下来介绍智能模式识别在卷烟品牌识别中的应用实例。

卷烟香气质量是评定卷烟内在质量和区分香烟品牌的一个重要指标。但时至今日,对卷烟香气的区分还是靠人的嗅觉感受来评定,评定结果的准确性往往难以保证。为此,许多烟草工作者一直在试图探索新的评定方法。决定卷烟内在质量的是卷烟燃烧过程中的烟气质量或化学组成,然而由于烟气中的化学成分多达数千种,并且影响卷烟香气质量的化学成分还没有明确规定,因此,直接用化学成分分析的方法评定卷烟的香气质量是非常困难的。

近年来,研究人员将气敏传感器阵列和模式识别技术结合,构造了能够对生物嗅觉功能进行模拟的仿生嗅觉。与其他常规仪器分析法,如气相色谱法相比,样品无需前处理,基本不用有机溶剂,是一种"绿色"的仿生检测仪器。与人和动物的嗅觉相比,它的测定更为客观,不受生物体主观因素的影响,结果更为可靠。利用仿生嗅觉模仿人的嗅觉感官功能对卷烟香气质量进行评定,为卷烟香气质量评定开辟了一种新途径。

电子鼻在烟草领域中的应用研究相对较少,仅有部分研究人员利用电子鼻研究过卷烟的烟丝或烟气。我们科研组分别从卷烟的品牌识别和等级识别两方面进行了科研研究,目的在于通过电子鼻从不同角度研究其对卷烟的识别效果,建立一种电子鼻快速、准确、简便识别卷烟等级的面向现场应用的方法。

在将仿生嗅觉应用于卷烟领域中,科研组成员率先研发了基于仿生嗅觉传感技术的卷烟品牌识别系统。如图 3.13 所示,该系统采用的气体浓缩装置是 Airsense 的 EDU,其中的吸附剂是 Tenax TA,该预浓缩装置用来提高气味浓度,增强传感器的灵敏度。本系统嗅觉传感使用的仿生嗅觉是 Cyranose 320。

1. 实验过程

首先选取 4 种已知品牌的香烟作为研究对象,通过仿生嗅觉系统对 4 种品牌香烟进行识别。

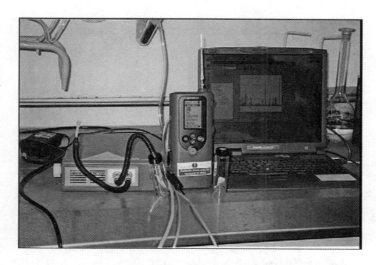

图 3.13　基于仿生嗅觉传感技术的卷烟品牌识别实验装置

在室温 18~20 ℃下,取 4 种已知品牌香烟的烟丝各 10 克,将其分别置入玻璃样品瓶中密封放置 30 分钟,以使瓶内顶空气体达到饱和状态。实验中 Cyranose 320 的参数设置见表 3.3。玻璃样品瓶通过采样传输管连接到 EDU 输入口,烟丝的气味先被 EDU 内的 Tenax AT 吸收管吸收,待收集了足够的气体样本后,将其快速加热至 30 ℃,再释放出浓缩的气体,通过 EDU 输出口和检测传输管,将浓缩的烟丝气味释放给 Cyranose 320 仿生嗅觉,再通过仿生嗅觉内的气泵将气味信号传输给阵列传感器。

表 3.3　电子鼻 Cyranose 320 参数设置

参数类别	设置	泵速
基线冲洗时间	100 s	中
采样时间		
采样 1	50 s	中
采样 2	50 s	高
清洗时间		
第 1 次清洗	15 s	中
第 2 次清洗	47 s	高
第 3 次清洗	28 s	中
数字滤波	开	

续表

参数类别	设置	泵速
加热温度	30 ℃	
训练重复计数	10	
识别重复计数	1	
识别质量	中	
算法	Canonical	

2. 实验结果

分别对 4 种已知品牌香烟进行气味检测,初始的香烟气味嗅觉指纹图谱如图 3.14、图 3.15 所示。图 3.14 说明不同品牌香烟具有相似性特征,直观上嗅觉指纹只在幅度上不一样,这是因为它们的主要成分相似。实验结果表明直接用 Cyranose 320 自带的软件很难区分这 4 种品牌的香烟,所获得的识别率极低。

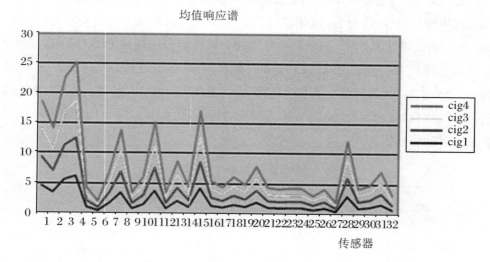

图 3.14 4 种品牌香烟的"嗅谱"

图 3.15 显示了 32 个传感器对每种品牌香烟 10 个样本的均值响应图,可以看出,除传感器 S3、S4、S5 和 S31 外,其余传感器的响应都基本一致。

测试实验是在训练实验一周之后进行的。测试实验选取的实验样品与训练实验样品来源一致。采样时间、吸附时间及清洗时间分别设置为 80 s、80 s 及 600 s。按品牌 1(cig1)、品牌 2(cig2)、品牌 3(cig3)及品牌 4(cig4)依次间隔一天进行测试实验,每种品牌分别采样 10 次,测试识别率见表 3.4。可见,仅用电子鼻自带算法获得的识别率很低,尤其是 cig3 和 cig4,分别仅为 50%和 40%。

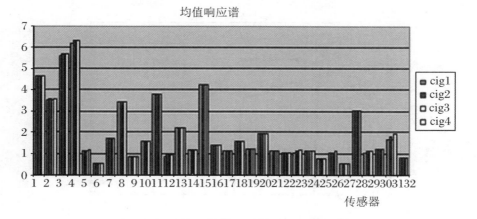

图 3.15 每一品牌 10 个样本的均值响应谱

为了提高香烟品牌的识别率,运用电子鼻获得的原始数据,建立人工神经网络 ANN 来识别,网络结构如图 3.16 所示。

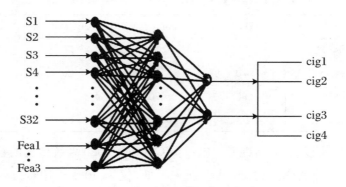

图 3.16 识别香烟品牌的神经网络结构

网络输入包括 32 个传感器数据及从每个传感器提取的 3 个特征值,即均值、标准偏差及最大值。网络输出采用 2 个神经元,每个神经元的输出用 0 或 1 来表示,2 个神经元共形成 4 种输出状态。通过灵活的输入选取及个别传感器数据的加权处理,我们形成了 3 类神经网络。只用 32 个传感器原始数据作为输入形成的网络称为 Net1;用 32 个传感器原始数据和 3 个特征值作为输入形成的网络称为 Net2;在网络 Net2 的基础上,鉴于传感器 S3、S4、S5 和 S31 对 4 种品牌香烟的响应区别最大,对这 4 个传感器的数据进行加权处理,形成的网络称为 Net3。3 类神经网络的训练、验证及测试的传输函数及参数设置都是一样的。3 类网络的训练性能图如图 3.17 所示,识别结果见表 3.4。

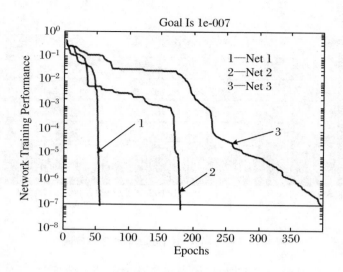

图 3.17 网络训练性能图

表 3.4 电子鼻 Cyranose 320 和 ANN 识别率比较

	cig1(%)	cig2(%)	cig3(%)	cig4(%)
Cyranose 320	70	70	50	40
Net1	70	60	60	40
Net2	80	70	70	60
Net3	100	80	80	90

由表 3.4 可以看出,单纯使用电子鼻 Cyranose 320 系统所测的数据及其自带的软件识别 4 种品牌的香烟,其识别率很低,仅为 40%～70%。在使用电子鼻 Cyranose 320 系统所测数据的基础上,再运用人工神经网络来识别这 4 种品牌的香烟,如果采用仅以 32 个传感器原始数据作为输入的人工神经网络 Net1,识别率还是不高,仍为 40%～70%;如果采用以 32 个传感器原始数据及 3 个特征值作为输入的人工神经网络 Net2,识别率有明显提高,达到 60%～80%;如果采用对 4 种品牌香烟的响应区别最大的传感器 S3、S4、S5 和 S31 进行特别的加权处理形成的人工神经网络 Net3,识别率最高,达到 80%～100%。实验结果表明,通过电子鼻 Cyranose 320 及人工神经网络模式识别的结合来识别不同品牌的香烟是可行的。

参 考 文 献

[1] 太惠玲.导电聚合物纳米复合薄膜的制备及其氨敏特性研究[D].成都:电子科技大学,2008.

[2] 刘红秀.仿生嗅觉系统信息获取与处理的方法研究[D].广州:广东工业大学,2007.

[3] 王光大.基于数字人脑理论的人工嗅觉系统研究[D].秦皇岛:燕山大学,2006.

[4] 彭婧.气敏传感器阵列优化应用研究[D].武汉:华中科技大学,2008.

[5] Gardner J W,Bartlett P N. A Brief History of Electronic Nose[J]. Sensors and Actuators B, 1994,18(1-3):211-220.

[6] 杜峰,雷鸣.电子鼻及其在食品工业中的应用[J].食品科学,2003,24(5):161-163.

[7] Williams D E. Semiconductor Oxides as Gas Sensitive Resistors[J]. Sensors and Actuators B,1999, 57(1-3):1-16.

[8] Mielle P,Marquis F. An Alternative Way to Improve the Sensitivity of Electronic Olfactometers[J]. Sensors and Actuators B, 1999, 58(1-3):526-535.

[9] Duda R O,Hart P E. Pattern Classification[M]. 2nd ed. New York:Wiley, 2001.

[10] Timothy C P,Gardner J W. Strategies for Mimicking Olfaction:the Next Generation of Electronic Noses? [J]. Sensor Update, 1998,3(1):61-130.

[11] 占琼.电子鼻系统中的传感器阵列优化研究[D].武汉:华中科技大学,2007.

[12] 许广桂.基于仿生嗅觉的中药材气味指纹图谱研究[D].广州:广东工业大学,2008.

[13] 高永梅.白酒主要香型和等级的分析及电子鼻指纹图谱研究[D].北京:中国农业大学,2006.

[14] 邓炳荣.基于仿生嗅觉和核方法的中药材鉴别研究[D].广州:广东工业大学,2011.

[15] Duda R O,Hart P E. 模式分类[M].2 版.李宏东,姚天翔,译.北京:机械工业出版社,2003.

[16] Cristianini N,Shawe-Taylor J. An Introduction to Support Vector Machines:and Other Kernel-based Learning Methods[M]. Cambridge:Cam-

bridge University Press，1999.

[17] Nasien D，Yuhaniz S S，Haron H. Statistical Learning Theory and Support Vector Machines Computer Research and Development[C]// 2010 Second International Conference on. IEEE，2010:760 - 764.

[18] Vapnik V. The Nature of Statistical Learning Theory[J]. Springer Science & Business Media，2013.

[19] Tempo R，Calafiore G，Dabbene F. Statistical Learning Theory[J]. Encyclopedia of the Sciences of Learning，2013，41(4):3185.

[20] Liu X L，Ding S F，Zhu H，et al. Appropriateness in Applying SVMs to Text Classification[J]. Computer Engineering & Science，2010.

[21] Lin K. The Method of Fax Receiver's Name Recognition Based on SVM [J]. Computer Engineering & Applications，2006.

[22] 谢赛琴,沈福明,邱雪娜.基于支持向量机的人脸识别方法[J].计算机工程，2009,35(16):186 - 188.

[23] 李颖新,阮晓钢.基于支持向量机的肿瘤分类特征基因选取[J].计算机研究与发展,2005,42(10):1796 - 1801.

[24] Gao W，Wang N. Prediction of Shallow-water Reverberation Time Series Using Support Vector Machine[J]. Computer Engineering，2008，34(6):25 - 27.

[25] 丁世飞,齐丙娟,谭红艳.支持向量机理论与算法研究综述[J].电子科技大学学报,2011,40(1):2 - 10.

[26] 仲媛.最近邻分类的若干改进算法研究[D].南京:南京理工大学,2012.

[27] 边肇棋,等.模式识别[M].2 版,北京:清华大学出版社,2000.

[28] 西奥多·里德斯,等.模式识别[M].3 版.北京:电子工业出版社,2006.

[29] 许广桂.基于仿生嗅觉的中药材气味指纹图谱研究[D].广州:广东工业大学,2008.

[30] 肖潇.高维仿生信息几何学研究及其在模式识别中的应用[D].杭州:浙江工业大学,2012.

[31] 孙即祥.现代模式识别[M].北京:国防科技大学出版社,2002.

[32] Mcculloch W S，Pitts W H. A Logical Calculus of Ideas Immanent in Nervous Activity[J]. Bulletin of Mathematical Biophysics，1942(5):115 - 133.

[33] Wiener. Principle of Cybernetices[R]. New York：1940.

[34] Hebb D O. The Organization of Behavior[M]. New York：Wiley，1949.

[35] Rosenblatt F. Principles of Neurodynamics[M]. New York：Spartan，1962.

[36] Widrow B，Hoff M E. WESCON Convention Record，Part4[R]. 1960：99.

[37] Grossberg S. Adaptive Pattern Classification and Universal Recoding：I. Parallel Development and Coding of Neural Feature Detectors[J]. Biological Cybernetics，1976，23(3)：121－134.

[38] Kohonen T k. Self-orgnization and Associative Memory[M]. New York：Spring-Verlag，1988.

[39] 柴园园. 普适的模糊推理系统理论及应用[D]. 北京：北京交通大学，2010.

[40] Jang J S R，Sun C T，Mizutani E. Neuro-Fuzzy and Soft Computing-A Computational Approach to Learning and Machine Intelligence[J]. Automatic Control IEEE Transactions on，1997，42(10)：1482－1484.

[41] Jang J S R. ANFIS：Adaptive-network-based Fuzzy Inference Systems[J]. Institute of Electrical & Electronics Engineers Inc，1993，23(3)：665－685.

[42] 葛继科，邱玉辉，吴春明，等. 遗传算法研究综述[J]. 计算机应用研究，2008，25(10)：2911－2916.

[43] Holland，John H. Adaptation in Natural and Artificial Systems[M]. MIT Press，2015.

[44] Jong K A D. Analysis of the Behavior of a Class of Genetic Adaptive Systems[D]. Dept Computer Andcommunication Sciences University of Michigan Ann Arbor，1975.

[45] Goldberg D E. Genetic Algorithms in Search Optimization and Machine Learning[M]. Reading Menlo Park：Addison-wesley，1989.

[46] 张文修，梁怡. 遗传算法的数学基础[M]. 西安：西安交通大学出版社，2000.

[47] 徐宗本. 计算智能中的仿生学[M]. 北京：科学出版社，2003.

[48] Glauner P O. Deep Convolutional Neural Networks for Smile Recognition[J]. IEEE/ACM Transactions on Audio Speech & Language Processing，2014，22(10)：1533－1545.

[49] Fukushima K. Neocognitron：A Self-organizing Neural Network Model for a Mechanism of Pattern Recognition Unaffected by Shift in Position[J].

Biological Cybernetics, 1980, 36(4):193-202.

[50] Werbos P. Beyond Regression: New Tools for Prediction and Analysis in the Behavioral Sciences[D]. Ph. d. Dissertation Harvard University, 1974.

[51] Lecun Y, Boser B, Denker J S, et al. Backpropagation Applied to Handwritten Zip Code Recognition[J]. Neural Computation, 1989, 1(4):541-551.

[52] Hochreiter S. Untersuchungen zu Dynamischen Neuronalen Netzen[R]. 2004.

[53] John F. Longres, Scott Harding. Gradient Flow in Recurrent Nets: the Difficulty of Learning Long-Term Dependencies[M]// Gradient Flow in Recurrent Nets: The Difficulty of Learning Long Term Dependencies. Wiley-IEEE Press, 2009:237-243.

[54] Hinton G E. Learning Multiple Layers of Representation[J]. Trends in Cognitive Sciences, 2007, 11(10):428-434.

[55] Bengio Y, Courville A, Vincent P. Representation Learning: a Review and New Perspectives[J]. IEEE Transactions on Pattern Analysis & Machine Intelligence, 2013, 35(8):1798-1828.

第4章　气味表征与传输

随着计算机技术与信息技术的迅猛发展,虚拟现实技术应运而生,在虚拟的世界中,人们已经开始尝试通过各种技术去营造更为真实的数字体验,从而延伸和丰富人们的触觉、听觉、视觉,以丰富对世界的认知。人类的听觉、视觉功能已在时间和空间上获得巨大拓展。声音通过音频进行网络传输,帮助人们实现了"顺风耳";图像通过视频进行网络传输,帮助人们实现了"千里眼"。那么,气味能否通过网络传输,实现"万里飘香"呢?数字气味技术,也称虚拟嗅觉技术,即通过信号处理系统、模式识别系统等实现气味信息的数字化、网络化传输和终端再现。换言之,就是利用独立装置准确再现真实物质所产生的各种气味。人类可以通过数字气味技术,实现气味的"万里飘香"。

本章主要剖析气味的表征,并介绍如何实现气味信息的网络传输。

4.1　气味特征简介

美国学者蒙克里夫是对嗅觉理论研究最多的人,他的气味理论是:① 一种物质要能放出气味,就必须是挥发性的;② 这种物质能被嗅上皮的表面所吸收即兼有水溶性和脂溶性;③ 通常"气味物质"在嗅觉区是不存在的。蒙克里夫指出,气味的感受包括鼻内的几个过程,有些是物理的,有些是化学的,物理的可能在嗅上皮由物理震动发生,而化学的则来自气味物质。

气味是物质的主要外部特征,是最能代表其本质的东西,是生物感知世界的重要途径。物质的气味作为物质的属性特征之一,与物质本身存在着密切的关联。不存在非气味物质,也不存在气味完全相同的两种物质,物质不变气味不变,物质改变气味必变。凡生物皆有嗅觉,气味是生物界的共同语言。不仅动物有嗅觉语言,植物和微生物也有。通常对于一种物质可以通过感知(通过人体鼻腔受体细胞或气味传感器)气味信息来辨识物质的名称类别、物质含量(浓度)及是否具有毒害等信息,因此,物质的气味在一定程度上可以用于代表物质的本质属性,尤其是作为识别判断的依据。

气味是一种气态分子,不论其分子量大小,它都有向四周无限扩散的特性,但密度与距离成反比关系,即与气味发生源距离愈近,其气味密度愈大,据此能辨明气味源的方位。因此,气态是物质的重要状态特征之一,能代表物质的属性特征。对一般物质(无机物和有机物)来说,气态代表着该种物质具有挥发特性,这属于物理属性特点;物质气态的刺激性属化学属性特点;同时,具备对物质特征的唯一性描述(种类、名称等),即具有生物属性特点。

通常对于物质的气味可以用名称、成分和浓度等特征参数来描述,同样也可用香、臭、刺鼻等来描述气味的特征。要想甄别气味的类别,我们就要从认识气味的特征信息开始,同时还要考虑气味的互补性。互补气味就是能起化学变化的两种气味,一旦相遇必起变化,两种气味同时消失而产生新的气味。气味特征信息就是泛指一切能描述气味差异性的特征参量,如图 4.1 所示,主要包括有 3 大主要属性:物理属性、化学属性、生物属性。

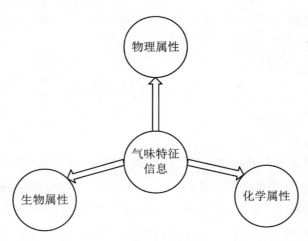

图 4.1　气味特征信息三大属性图

4.1.1　物理属性

气味的物理属性,主要包括挥发性、浓度、色差、水溶性、电压值、电阻率、频率等物理特征参量。我们可以通过物理仪器检测方法对气味的物理属性进行检测和分析。

气味的物理仪器分析方法主要是依据光波与物质气味存在的关联特性而工作的。物质在吸收光波后，会在某一波段有一个吸收峰，通过分析这个波段，就可以得出该物质的光谱特性，光学分析方法就是在此研究基础上找到的一种测量方法[1]。灵敏度高、检测速度快是人们在采用这种光学测量方法时考虑的首要因素。目前物理仪器分析方法主要有红外光谱、紫外光谱、质谱、原子吸收光谱、气相色谱、液相色谱、差分吸收光谱法等化学特征参量检测。

在生活中时常会闻到一些工厂排放出来的"臭气"，那么相关部门是如何对这些气体进行定性定量检测的呢？为了对这些大气污染排放物进行实时监测，了解区域内大气污染物随时间变化的规律，光学和光谱学遥感技术正以其特有的技术优势成为环境污染包括大气污染监测的主力军。在这些技术中，差分光学吸收光谱技术因其出众的测试方法及技术特点得到了长足发展。该技术利用数学方法将测得的吸收光谱分离，去除由于大气分子、气溶胶散射等造成的宽光谱结构，获得微量气体的窄带吸收光谱即差分光谱，将其与实验室获得的吸收分子的标准参考光谱进行拟合，反演出微量气体的种类和浓度。该方法无需抽取气体，可以避免检测对象的化学变化、采样器壁的吸附损失等带来的影响。

4.1.2　化学属性

气味是由一种或多种挥发物组成的化学化合物，因而气味也有其相对应的化学属性，包括可燃性、热稳定性、酸碱性、氧化性、助燃性、还原性等。气味的化学分析方法是基于人们对已知物质化学性质的分析，利用化学物质自身的化学性质对气味进行的定性或定量分析。气味的化学属性分析方法主要有化学分析法、电化学分析法等。

化学分析法[2]以化学反应为基础，分为重量分析法和容量分析法两类。以大气检测为例，重量分析法操作麻烦，对于浓度低的气体会产生较大误差，它主要用于大气中总悬浮微粒、降尘量、烟尘、生产性粉尘等的测定。容量分析法操作方便、快速，准确度高，可用于废气中污染物如铅的测定，但灵敏度不够高，对于测定浓度太低的污染物无法得到满意的结果。

电化学分析法[3]是在化学分析的基础上逐步发展起来的，其原理是利用物质的电化学性质测定其含量。以电解反应为基础建立起来的电化学分析法有电位分析法和库仑分析法，以测定溶液导电能力为基础的电化学分析法称为电导分析法。电位分析法最初用于测定 pH，后来由于离子选择性电极的迅速发展，电位分析广泛应用于非金属无机污染物的监测；电导分析法可用于测定大气中的 SO_2；库仑分析法可用于测定大气中的 SO_2、NO_x。此外还有以测量电解过程的电流-电压曲线为基础的伏安法及利用阳极溶出反应测定重金属离子的阳极溶出法。

4.1.3 生物属性

气味可以作为物质特征的唯一性描述，那么它也具有生物属性。嗅觉的基本现象学对象并不是"是什么物体"的东西，而是一种由于气味刺激生物受体细胞产生的感知，这种感知与我们的天生情感和后天学习密切相关，有的人或动物天生对某种气味敏感，比如经过几代繁殖的实验用老鼠，它们就算没有碰到过真的猫，也能对猫的气味做出害怕的反应，但对其他未接触过的、有毒的气味却没有反应[4]；而这种感知在很大程度上是具有可塑性的，依赖于后天经验和学习，并且受文化、情绪甚至性别的影响[5,6]。有人主张把气味作为生物感知来研究，依据是人对不同的气味会产生不一样的感知，这些感知被称为"嗅感"。这种嗅感的组合代表了千变万化的气味的生物属性。

嗅感的研究主要集中在气体的物理化学特征方面，使用电子鼻进行感知预测的研究很少。2007 年，Rehan M. Khan 等人做了从分子结构预测气味愉悦度的研究，这可以说是机器嗅觉中气味愉悦度的开山之作。他们通过使用多个 PCA 降维方法寻找分子空间和语言空间的关联性[7]。2010 年，Rafi 等人希望从电子鼻角度获取气味愉悦度，这个角度完全不同于其他相关的气味研究，为气味感知的研究提供了新的思路和方式[8]。2014 年，Ewelina Wnuk 证实了 Maniq 中的气味嗅感术语具有编码气味的复杂含义，并且这些术语具有相干性[9]。2016 年，美国 Andreas Kelle 等人提出了一个非常强大的心理数据集，用它将气体刺激的物理化学特征和嗅觉感知联系起来，并且发现人类对气味的熟悉性和对气味感知的描述有一定程度上的相关性[10]。随后，Kobi、Keller、Liang Shang、Johannes 等人从气味分子结构和气味物理化学特征来预测气味的嗅感属性，延续了 2007 年的研究，在更深的层次上进行了探索[11—13]。

我们只有通过成熟的气味特征信息通用表征模式描述和处理气味信息，才能实现气味的数字化,完成气味信息的网络传输和复现。然而物质的气味信息采用何种特征模式表示最合适呢?到目前为止,国内外仍然没有统一的气味特征信息通用表征模式。

4.2　气味表征——嗅频

4.2.1　嗅频的定义

当前,仿生视觉和仿生听觉的研究已取得巨大成功,其技术已经非常成熟,人们早在 19 世纪就能利用科学手段对声音和图像信息进行模拟记录和重现,随着电子技术和计算机技术的快速发展,声音和图像的模拟信息实现了数字化,随着互联网技术的出现,已数字化的音、视频信息可以在数秒之内传播到世界任何一个有互联网的角落。如图 4.2 所示,远程声音传输和互动电视,通过音频和视频信息的网络传输及复现,实现了人类"顺风耳"和"千里眼"的美好梦想。人类可否通过对物质气味"嗅频"信息的研究,拓展其时空功能,实现"万里飘香"的美好期待呢?

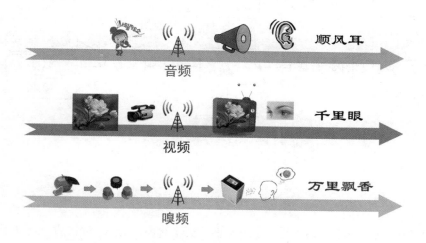

图 4.2　音频、视频和嗅频

声音可以用声波来描述,频率和强度是其主要特征参数;图像可以用色彩来描述,红、绿、蓝是基色,任何颜色都可以用这三种原色组合而成。在相关技术支持下,一旦找到了能够精确描述声音和影像的科学方法,就能研制出相应的记录与重现装备。然而,与声音和图像特征相比,气味特征要复杂得多,它既不能像声音一样可以用几个物理量来描述,也不能像图像那样仅用几种基色组合而成,再加上人体嗅觉机理的复杂性,到目前为止还没有人提出能用于准确描述气味的科学方法,这就是气味迟迟不能实现数字化和远程重现的原因之一。

在气味特征信息的基础上,气味也有属于它自身的通用性特征:嗅频。正如音频和视频一样,嗅频是可以用于表征物质气味的通用性特征信息,它包含物质气味的种类属性、成分类别、浓度比例及嗅感(嗅觉的感知性)等信息。

一切物质气味都包含了物理、化学和生物的信息,其中物理信息一般指的是气味物质的挥发度、浓度、蒸气压等信息,化学信息则是物质气味化合物的分子结构、化合反应等信息,而生物信息则是生物对物质气味的一切生理、心理上的反应,如图4.3所示。嗅频则是物质气味的信息载体,据此我们给出"嗅频"的定义:嗅频是通过某种传感设备,首先将物质气味的物理、化学、生物信息转化为电信号,然后通过信息处理方法,将这些电信号转化为某种信息,这种信息是有规律的、可反映气味特点的标准信息。

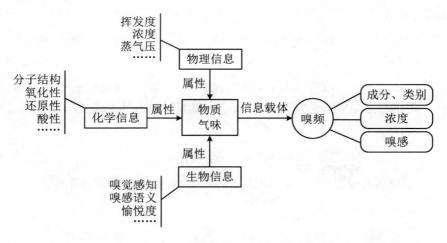

图 4.3　气味特性及其表征方式

嗅频的意义在于其通用性,通过某种有规律的表征方式,对物质气味进行标准的描述,以便任何一台接收设备都能够解读这种标准的气味信息。因此,传感器检测气味的响应信号不是嗅频信息,原因在于,不同的检测设备具有不同的传感器类型,因此其响应信号和响应规律是不同的,接收端并不一定能够正确地解读这些响应信号。通过电子鼻设备对物质气味检测识别的结果,这种信息也不能称为嗅频,因为嗅频反映的是物质气味的一般规律,而自然界万物的识别信息并不具有规律性。

气味特征信息与嗅频的关系如图 4.4 所示,物质气味特征信息是一切能描述气味差异性的特征参量:气味名称、气味浓度、电压值、电阻率、频率、色差等,而嗅频是气味特征信息的通用性描述,包含于气味特征信息,本质上是描述气味模拟量与特征参数之间的对应关系。因此使用嗅频模型作为气味的通用特征模型,就能实现气味的数字化,实现气味的网络传输和复现。

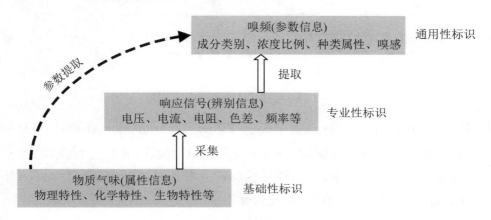

图 4.4　气味特征信息与嗅频的关系

4.2.2　嗅频原理及构建

物质气味嗅频是指用于表征物质气味的特征信息,包含物质气味的种类名称(记为 R_n)、成分(记为 L_c)、比例浓度(记为 P_i)、嗅感(V_s)。对于嗅频的构建,以图 4.5 所示流程图为例。

1. 提取气味信息数据

使用仿生嗅觉系统对所选取的物质气味样品进行采集检测,可以获得所测气味高维数据 $F_s(S_1, S_2, \cdots, S_N)$,$F_s$ 是关于传感器的响应函数,N 为传感器个数。对气味信息数据的提取研究,主要集中在采取何种模式识别算法对仿生嗅觉系统采集的高维数据进行特征提取[14]。国内外对高维气味数据信息进行特征提取时,在样本数据线性可分的情况下,常用的方法有主成分分析法(principal compo-nents analysis, PCA)[15]、线性判别分析法(linear discriminate analysis,

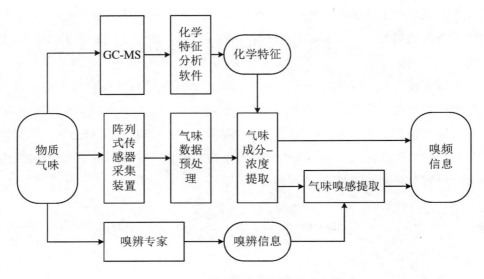

图 4.5　物质气味"嗅频"信息构建框架

LDA)[16]及其改进的 Fisher 判别分析法（Fisher discrimination analysis，FDA）等。在实际应用中，获取的高维数据经常会出现非线性及线性不可分的情况，于是一些改进的算法被提出来，如多核自组织映射聚类算法（multiple kernel self-organizing map，MK-SOM）[17]、核化线性降维（如 kernelized PCA，KPCA）[18]、扩展映射（diffusion maps）[19]、人工神经网络算法（artificial neural network，ANN）[20]、叠加映射降维算法（superposition mapping analysis，SMA）、流形学习算法（manifold learning，ML）[21—23]等。物质气味数据信息特征提取的本质是建立分类模型对原始数据进行有效的降维处理，从众多的特征当中找出最有效的特征向量。

以叠加映射降维算法 SMA 为例，对仿生嗅觉系统采集的气味数据通过叠加映射降维算法进行判断训练，可以将数据信息矩阵 F_S 向量化，获得叠加映射算法识别特征矩阵，结合 GC/MS 获取的物质气味化学成分，可以找到浓度信息，由此即可得到嗅频的种类名称、成分和浓度参数。建立以样本序号 O_{SMA} 与气味名称成分属性 $L(O_{name}, C_{n1}, C_{n2}, \cdots, C_{nk})$（其中 O_{name} 是物质气味种类名称，C_{n1} 是物质气味第 1 种成分名称，C_{n2} 是物质气味第 2 种成分名称，C_{nk} 是物质气味第 k 种成分名称）即 $R(O_{SMA}, O_{name}, C_{n1}, C_{n2}, \cdots, C_{nk})$ 为结点的，以后序遍历规则即按左子树、右子树、根结点顺序递增生成的平衡二叉树形式保存的气味成分信息库，那么我们对样本信息的查询将变得更为高效，只需输入要查询的结点索引号，就能判别是否在所建平衡二叉树范围内。

2. 嗅频模型构建

依据进行降维处理后气味信息数据,可以建立气味嗅频信息提取模型,即建立气味模拟量与数字化特征之间的对应关系,其关系式如下:

$$F_S(S_1, S_2, \cdots, S_N) = f_m(R_n) \cdot T_i \tag{4.1}$$

$$f_m = f(A_i, Y_m, V_i, S_{td}, d_i) \tag{4.2}$$

式(4.1)给出了气味采集信息与特征信息的映射关系,F_S 是关于传感器的响应函数,N 为传感器个数,其中

$$F_S = P = (P_{ij})_{M \times N} = \begin{bmatrix} P_{11} & P_{12} & \cdots & P_{1N} \\ P_{21} & P_{22} & \cdots & P_{2N} \\ \vdots & \vdots & & \vdots \\ P_{M1} & P_{M2} & \cdots & P_{MN} \end{bmatrix} \tag{4.3}$$

上式为 N 个传感器在 M 秒内采集的气味数据信息矩阵,同时其映射的模型 f_m 是关于气味种类名称 R_n、采样时间 $T_i(i < M)$ 的函数。

式(4.2)是对采样数据的统计数学关系描述,其中 f_m 是 f 基于 A_i 采样的平均值,Y_m 为采样的最大值,V_i 为采样信号的方差,S_{td} 为采样信号的标准差,d_i 为采样信号的微分值的函数。

假设 $Y(t, i)$ 为第 i 个传感器在时刻 t 的响应值,采样时间为 M,则各传感器在采样过程中的特征值定义为

$$A(i) = \frac{1}{M} \sum_{t=1}^{M} Y(t, i) \tag{4.4}$$

$$Y_m(i) = \max\{Y(t, i)\} \tag{4.5}$$

$$V(i) = \frac{1}{M-1} \sum_{t=1}^{M} \{Y(t, i) - A(i)\}^2 \tag{4.6}$$

$$S_{td}(i) = \sqrt{\frac{1}{M-1} \sum_{t=1}^{M} \{Y(t, i) - A(i)\}^2} \tag{4.7}$$

$$d(i) = \frac{1}{M-1} \sum_{t=1}^{M-1} \frac{Y(t+1, i) - Y(t, i)}{\Delta t} \tag{4.8}$$

则可以根据传感器对于气味信息的采集得到响应矩阵信息,对式(4.1)形成非齐次方程,再根据式(4.4)~式(4.8)求出其统计数学关系,结合另外一组非齐次方程(4.2),则对于物质气味嗅频信息(物质气味的名称:R_n)的提取就可转化为对式(4.1)、式(4.2)给出的非齐次方程的求解。

使用气相色谱－质谱联用仪（gas chromatography-mass spectrometer，GC－MS）对气味进行检测识别，可以直接得到气味的成分信息。如果使用化学特征分析软件对气味成分做进一步分析，就可以明确气味化学特征。将 GC－MS 得到的成分信息和非齐次方程的解相结合就可提取出成分浓度信息。那么，对于物质气味嗅频信息（物质气味的成分：L_c，浓度：P_i）的提取就是 GC－MS 和上述非齐次方程解的结合分析。

在嗅频参数"嗅感"的研究中，使用机器学习算法可以得到很好的效果。通过构建合适的机器学习模型可以得到任意气体的嗅感值。在已知电子鼻传感器对于气味信息响应矩阵的情况下，只需邀请嗅辨人员为一些选定气体的嗅感值进行评分，就可以实现机器学习模型的训练。具体方法是通过电子鼻进行气味采集得到一些高维的传感器响应阵列，进行特征提取之后将其作为机器学习模型的输入；将训练集气味样本所对应的嗅感评分作为训练标签，以此来训练出最优的网络结构和特征参数权重，训练好的机器学习模型即可作为气味嗅感参数提取模型。为了保证学习得到的模型的鲁棒性，可以使用测试集对模型的性能进行评估。这样，就可以应用嗅感提取模型得到气味的 V_s 值。如图 4.6 所示。

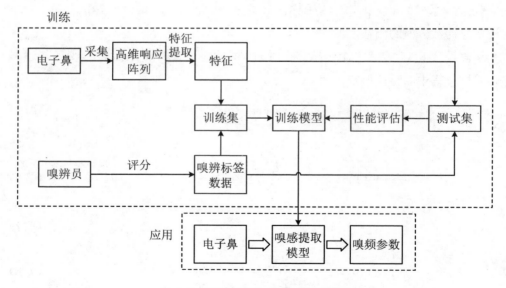

图 4.6　物质气味嗅感模型构建框架

综上所述，可以通过嗅频各个参数的确定而得到物质气味嗅频。

4.3　气味网络传输

　　气味信息网络传输的重点是物质气味的表征与网络协议匹配,即气味编码(coding of information in the peripheral olfactory system)。早在 1976 年,美国西部地区研究所的 J. E. Amoore 就提出设想将气味分解为多种分子进行编码传输[24]。2003 年,以色列学者 David Harel 提出了一种气味信息系统,该系统包含一个嗅辨器(sniffer)和一个拟嗅器(whiffer),嗅辨器检测的气味信息通过网络传输到拟嗅器并进行气味模拟。2006 年,韩国湖西大学的 Jeong - Do Kim 等人提出每种气味都可以通过一些明确的形容词来表述,他们通过对四十种有关气味的形容词进行编码,描述了多种气味[25]。2012 年,他们又提出气味信息可以用气味特性如浓度、持久性、可享乐性等描述,据此可对气味信息进行编码[26]。2013 年,日本九州大学的 Kenshi Hayashi 在气味传感器发展的基础上提出"气味代码"的概念,并试图从分子信息学的角度提取参数以便于气味编码[27,28]。上述研究均是以气味编码的思想探讨物质气味的网络传输。

　　现在的交换传输技术应该能够胜任气味信息编码传输的要求,仅需通信网提供一种高速率的全透明传输环境,在发送端和接收端建立一种符合自己要求的通信协议和数据结构就可以了[29,30]。因此,我们只要将嗅频更好地与网络协议相匹配,针对气味嗅频信息模型的特点,进行新的编码及定义每一位码值的含义,那么必然能够实现气味的网络传输。

　　由于物质气味传输主要利用互联网作为传输载体,因此我们要以数字通信为基础,实现气味的数字化。物质气味嗅频信息的网络传输技术路线如图 4.7 所示,为了使物质气味嗅频信息更有效且更可靠地在信道上进行传输,首先需要对其进行信源编码和信道编码,然后在网络传输协议的基础下,定义嗅频信息的帧格式使气味编码与网络协议层相匹配,最后完成数据的传输。

4.3.1　信源编码

　　通常所谓的"编码",更确切地说是"压缩",即去掉一些多余的信息,保留必要

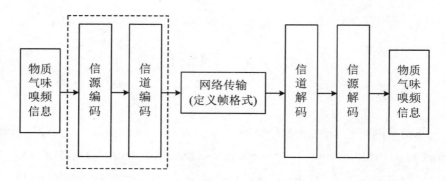

图 4.7　物质气味嗅频信息的网络传输技术路线

的信息,再传给对方。使用数字信号进行传输有许多优点,如不易受噪声干扰、容易进行各种复杂处理、便于存贮、易集成化等。其中为了提高传输效率的有效性编码叫作信源编码,信源编码是一种以提高通信有效性(减少或消除信源剩余度,提高符号的平均信息量)为目的而对信源符号进行的变换。具体说,就是针对信源输出符号序列的统计特性来寻找某种方法,把信源输出符号序列变换为最短的码字序列,使后者的各码元所载荷的平均信息量最大,同时又能保证可以无失真地恢复原来的符号序列。信源编码的目标就是使信源减少冗余,以便更加有效、经济地传输,最常见的应用形式就是压缩。

香农第三定理证明了只要码长足够长,总可以找到一种信源编码,使编码后的信息传输率略大于率失真函数,而码的平均失真度不大于给定的允许失真度,即 $D' \leqslant D$。我们以香农第三定理为基础,结合物质气味特征信息的特点:物质气味成分不同浓度各异,所需码元长度不一,并考虑编码速率、设备复杂度等综合因素,使用基于上下文自适应变长编码(context-adaptive variable-length coding,CAVLC)来对物质气味信息进行信源编码。

基于上下文自适应变长编码的主要特性体现在对输入信息的自适应上,CAVLC 可以根据已编码句法元素的情况动态地选择编码中使用的码表,并随时更新拖尾系数后缀的长度,从而获得极高的压缩比。充分利用 CAVLC 的自适应特点对物质气味特征信息进行压缩编码,可以提高系统的编码速率、降低设备复杂度,实现物质气味信息的高效传输。

4.3.2　信道编码

完成了信源编码后,下一步我们需要做的工作就是对信道进行编码。顾名思义,信道就是指传输信号的通道。经过信源编码后,我们并不能将信号直接送到传输通道发送出去,因为数字信号在传输中受到衰减、杂波、干扰等因素影响而发生的质量劣化是突变性的(模拟信号质量的劣化则是渐变的),也就是说,数字信号在衰减、杂波或干扰低于某一门限时,只要接收设备能判别出 0 码和 1 码,信号质量就不会受到大的影响,而一旦超过此门限,接收设备判别不出 0 码和 1 码,信号就会丢失。因此,在数字信号传输中最重要的是防止误码,也就是要尽量降低误码率。为此,在数字信号传输中要在信号源的原数码序列中以某种方式加入某些用于误差控制的数码(即纠检错码),以实现自动纠错或检错的目的,这就是信道编码或纠错编码。由此可见,信道编码的目的是为了降低信号的误码率,提高信号传输的可靠性。

由香农第二定理(即有噪声信道编码定理)可知,当信道的信息传输率不超过信道容量时,采用合适的信道编码方法可以实现传输可靠性,但若信息传输率超过了信道容量,就不可能实现可靠的传输。我们以香农第二定理为基础,结合物质气味特征信息传输特性,兼顾编码算法的复杂度及系统信噪比等需求,使用低密度奇偶校验码(low density parity check code,LDPC)来进行信道编码。

低密度奇偶校验码是典型的线性分组码,即可用一个线性方程来描述,性能逼近香农极限且译码复杂度较低。LDPC 的优越性能主要缘于其校验矩阵 H 是一个稀疏矩阵,相对于行和列的长度校验矩阵每行、每列中非零元素的数目非常小(即行重、列重较小),同时基于校验矩阵 H 的稀疏性及构造时的不同规则,其编码二分图具有不同的闭环路分布,继而采用置信算法作为其解码算法时,可迭代进行译码,明显提高译码性能并降低误码率、提升信噪比。充分利用 LDPC 高效的编解码和低复杂度特性,以及具备极高信噪比的特点,对物质气味数据进行信道编码,最终可以实现数据的可靠传输。

4.3.3　网络传输

在信源编码、信道编码工作完成后,我们要以网络编程语言和调试软件为工具,按照 TCP/IP 协议帧结构特点,将编码后的信息嵌入 TCP/IP 协议中,使之在互联网中实现网络传输。

1. TCP/IP 网络协议

利用互联网进行通信时,需要相应的网络协议。TCP/IP(传输控制协议/网间协议,transmission control protocol/internet protocol)是一种网络通信协议,它规范了网络上的所有通信设备,尤其是一个主机与另一个主机之间的数据往来格式以及传送方式。TCP/IP 是互联网的基础协议,也是一种电脑数据打包和寻址的标准方法。在数据传送中,可以形象地将 TCP 和 IP 理解为两个信封,要传递的信息被划分成若干段,每一段塞入一个 TCP 信封,并在该信封封面上记录分段号的信息,再将 TCP 信封塞入 IP 大信封,发送上网。在接收端,一个 TCP 软件包收集信封,抽出数据,按发送前的顺序还原,并加以校验,若发现差错,TCP 将会要求重发。因此,TCP/IP 在互联网中几乎可以无差错地传送数据。

TCP/IP 协议不是 TCP 和 IP 这两个协议的合称,而是指因特网上的整个 TCP/IP 协议族。从协议分层模型方面来讲,TCP/IP 由 4 个层次组成:网络接口层、网络层、传输层、应用层。

TCP/IP 协议并不完全符合 OSI 的 7 层参考模型,OSI(open system interconnect)是传统的开放式系统互联参考模型,是一种通信协议的 7 层抽象的参考模型,其中每一层执行某一特定任务。该模型的目的是使各种硬件在相同的层次上能够相互通信。这 7 层是物理层、数据链路层(网络接口层)、网络层(网络层)、传输层(传输层)、会话层、表示层和应用层(应用层)。TCP/IP 通信协议采用了只有 4 层的层级结构,每一层都呼叫它的下一层所提供的网络来完成自己的需求。由于 ARPANET(Internet 的前身)的设计者注重的是网络互联,允许通信子网(网络接口层)采用已有的或是将来出现的各种协议,所以这个层次中没有提供专门的协议。实际上,TCP/IP 协议可以通过网络接口层连接到任何网络上,例如 X. 25 交换网或 IEEE802 局域网。TCP/IP 结构与 OSI 结构的对比如表 4.1 所示。

表 4.1　TCP/IP 结构与 OSI 结构

TCP/IP	OSI
应用层	应用层 表示层 会话层
主机到主机层(TCP)(又称传输层)	传输层
网络层(IP)(又称互联层)	网络层
网络接口层(又称链路层)	物理层

(1) 传输层

传输层提供应用程序间的通信。其功能包括:(1) 格式化信息流;(2) 提供可靠传输。为实现后者,传输层协议规定接收端必须发回确认,并且假如分组丢失,必须重新发送,即耳熟能详的"三次握手"过程,从而提供可靠的数据传输。

传输层使源端和目的端机器上的对等实体可以进行会话。在这一层定义了两个端到端的协议:传输控制协议(transmission control protocol,TCP)和用户数据报协议(user datagram protocol,UDP)。

TCP 是面向连接的通信协议,通过三次握手建立连接,通信完成时要拆除连接。由于 TCP 是面向连接的,所以只能用于端到端的通信。TCP 提供的是一种可靠的数据流服务,采用"带重传的肯定确认"技术来实现传输的可靠性。TCP 还采用一种称为"滑动窗口"的方式进行流量控制,所谓窗口实际表示接收能力,用以限制发送方的发送速度。如果 IP 数据包中有已经封好的 TCP 数据包,那么 IP 将把它们向"上"传送到 TCP 层。TCP 将包排序并进行错误检查,同时实现虚电路间的连接。TCP 数据包中包括序号和确认,所以未按照顺序收到的包可以被排序,而损坏的包可以被重传。

UDP 是面向无连接的通信协议。UDP 数据包括目的端口号和源端口号信息。由于通信不需要连接,所以可以实现广播发送。UDP 通信时不需要接收方确认,属于不可靠的传输,可能会出现丢包现象,实际应用中要求程序员编程验证。UDP 与 TCP 位于同一层,但它不管数据包的顺序、错误或重发。因此,UDP 不被应用于那些使用虚电路的面向连接的服务,主要用于那些面向查询-应答的服务,例如 NFS。相对于 FTP 或 Telnet,这些服务需要交换的信息量较小。

(2) 数据包首部

网络传输的数据包由两部分组成:一部分是协议所要用到的首部,另一部分是上层传过来的数据。首部的结构由协议的具体规范详细定义。例如,识别上一层协议的域应该从包的哪一位开始取多少个比特,如何计算校验码并插入包的哪一位等。因此,在数据包的首部,明确标明了协议应该如何读取数据。反过来说,看到首部,也就能够了解该协议必要的信息以及要处理的内容。因此,看到包首部就如同看到了协议的规范。

在每个分层中,都会对所发送的数据附加一个首部,这个首部中包含了该层必要的信息,如发送的目标地址以及协议的相关信息。通常,为协议提供的信息为包首部,所要发送的内容为数据。如图 4.8 所示,从下一层的角度看,上一分层收到的包全部被认为是本层的数据。

2. 嗅频数据结构及气味的网络通信

我们基于 TCP/IP 协议标准,结合物质气味嗅频信息的特点,初步给出了适合

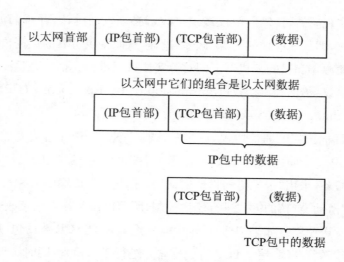

图 4.8　数据包首部分层图

以太网帧的嗅频数据结构以及数据包封装结构,具体如图 4.9 所示,并定义了数据单元使用的格式、信息单元应该包含的信息与含义、连接方式、信息发送和接收的时序,从而确保网络中的数据可以准确到达既定目的地。

　　如图 4.9 所示,嗅频数据结构中,选取的特征个数为整数,可选取的气味特征类别有物质气味种类名称、成分类别、浓度比例、嗅感信息等。其中,特征 1 为选取的第 1 个特征,其后的特征向量为选取的第 1 个特征的特征信息(特征向量是对所选特征的具体化描述,如苹果气味种类名称可描述为"被子植物门/双叶植物纲/蔷薇目/苹果属,红富士");特征 N 为选取的第 N 个特征,其后的特征向量为选取的第 N 个特征的特征信息。

　　(1)局域网通信功能

　　如图 4.10 所示,气味信息的传输在局域网通信功能的实现上,采取的是客户端和服务器通信的模式。首先,利用 A8 控制板上的以太网硬件,加上移植好的 TCP/IP 协议栈即 Lwip 协议栈,搭建一个具备软硬件的平台;随后在该平台运行服务器程序,构成一个微型的服务器终端;然后,利用编程软件如 QT 编写客户端控制程序,并让其在电脑上运行;最后,将 A8 平台和电脑接入到由路由器创建的局域网中,利用路由器的路由功能,就可以很方便地实现双方的通信。

　　(2)广域网通信功能

　　在广域网通信功能方面,采取的仍然是客户端和服务器模式。主要是实现以下两个功能:

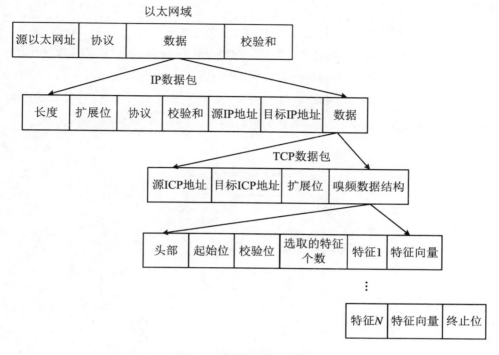

图 4.9　嗅频信息数据帧结构

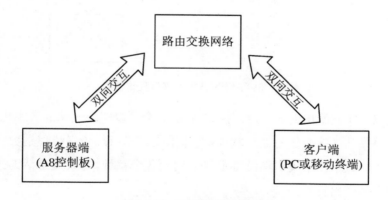

图 4.10　网络传输功能图

① 需要一个公网的 IP 地址作为服务器的 IP 地址,并运行服务器程序以处理来自客户端的请求和连接。此时,服务器程序是运行在电脑上的(服务器相当于中转站),而 A8 平台只是作为一个气味复现的控制终端而已,在其上运行的是客户端程序。

② 将客户端的控制平台范围延伸扩展,实现手机和平板的无线移动终端

控制。

（3）VPN 传输技术

如图 4.11 所示,我们现实中的大多数网络是在经过 NAT 以后的局域网中的,自己本身没有公网 IP,为了能在没有公网 IP 的情况下也能实现远程控制,我们采用了 VPN 技术。此时,A8 和电脑都作为 VPN 服务器下的一个客户端,在此结构中,我们还用一个装有 Windows XP 的电脑将 VPN 的 IP 地址映射到 A8 中。

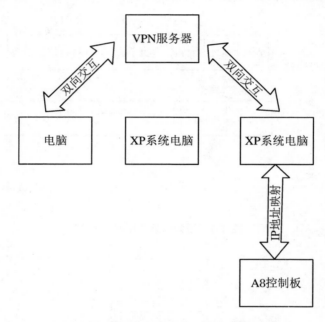

图 4.11　利用 VPN 技术实现远程传输与控制

通过以上实例给出的几种通信模式,我们完全可以实现气味的数字化传输,它的实现必将推动气味制作与处理软件,气味采集、气味释放、气味识别数字化设备的研制。气味数字化采集识别设备也将应用到各个领域,为人类生活的进步与人类文明的发展做出贡献。

参 考 文 献

[1] 李震,张金松,胡泓,等.水质检测中的光学分析方法[D].深圳:哈尔滨工业大学深圳研究生院,2014.

[2] 李国刚.环境在线自动监测技术与仪器设备的发展动态[J].生命科学仪器,

2003(1):21-30.

[3] 吴宇光. 试论空气质量自动监测系统的设计[J]. 中国环境监测,2001,17(6):23-25.

[4] Dielenberg R A, McGregor I S. Defensive Behavior in Rats Towards Predatory Odors: A Review[J]. Neuroscience & Biobehavioral Reviews, 2011, 25(7-8):597-609.

[5] Wilson D A, Stevenson R J. Learning to Smell: Olfactory Perception from Neurobiology to Behavior[M]. Baltimore, MD, US: Johns Hopkins University Press, 2006.

[6] Ferdenzi C. Variability of Affective Responses to Odors: Culture, Gender, and Olfactory Knowledge[J]. Chemical Senses, 2013,38(2):175-186.

[7] Khan R M, et al. Predicting Odor Pleasantness from Odorant Structure: Pleasantness as a Reflection of the Physical World[J]. Journal of Neuroscience, 2007,27(37):10015-10023.

[8] Haddad R, et al. Predicting Odor Pleasantness with an Electronic Nose[J]. PLoS Computational Biology, 2010,6(4).

[9] Wnuk E, Majid A. Revisiting the Limits of Language: The Odor Lexicon of Maniq[J]. Cognition, 2014,131(1):125-138.

[10] Keller A, Vosshall L B. Olfactory Perception of Chemically Diverse Molecules[J]. BMC Neuroscience, 2016,17(1):55.

[11] Li H, et al. Accurate Prediction of Personalized Olfactory Perception from Large-scale Chemoinformatic Features[J]. Gigascience, 2017,7(2):1-11.

[12] Shang L, et al. Machine-learning-based Olfactometer: Prediction of Odor Perception from Physicochemical Features of Odorant Molecules[J]. Analytical Chemistry, 2017,89(22):11999-12005.

[13] Keller A, et al. Predicting Human Olfactory Perception from Chemical Features of Odor Molecules[J]. Science, 2017,355(6327):820-826.

[14] Marco S, Gutierrez-Galvez A. Signal and Data Processing for Machine Olfaction and Chemical Sensing: A Review[J]. IEEE Sensors Journal, 2012, 12(11):3189-3214.

[15] Zhang Daohui, Xiong Anbin, Zhao Xingang, et al. PCA and LDA for EMG-based Control of Bionic Mechanical Hand[C]. 2012 International Conference on Information and Automation (ICIA), 2012:960 – 965.

[16] Shao Yawen, Luo Dehan. Classification of Chinese Herbal Medicine Based on Improved LDA Algorithm Using Machine Olfaction[C]. 2012 International Conference on Measurement, Instrumentation and Automation (ICMIA 2012), 2012:1532 – 1536.

[17] Huang KuanChieh, Lin YenYu, Cheng JieZhi. Cluster-dependent Feature Selection by Multiple Kernel Self-organizing Map[C]. 2012 21st International Conference on Pattern Recognition (ICPR), 2012:589 – 592.

[18] Honeine P. Online Kernel Principal Component Analysis: A Reduced-Order Model[J]. IEEE Transactions on Pattern Analysis and Machine Intelligence, 2012,34(9):1814 – 1826.

[19] Luo Dehan, Chen Huiqin. A Novel Approach for Classification of Chinese Herbal Medicines Using Diffusion Maps[J]. International Journal of Pattern Recognition and Artificial Intelligence, 2015,29(1):104 – 112.

[20] Luo Denhan, et al. Application of ANN with Extracted Parameters from an Electronic Nose in Cigarette Brand Identification[J]. Sensors and Actuators B: Chemical, 2004,99(2):253 – 257.

[21] Wang Min, Qiao Hong, Zhang Bo. A New Algorithm for Robust Pedestrian Tracking Based on Manifold Learning and Feature Selection[J]. IEEE Transactions on Intelligent Transportation Systems, 2011,12(4):1195 – 1208.

[22] Qiao Hong, Zhang Peng, Wang Di, et al. An Explicit Nonlinear Mapping for Manifold Learning[J]. IEEE Transactions on Cybernetics, 2013,43 (1):51 – 63.

[23] Wang Yi, Yang Junan, Liu Hui. Acoustic Targets Feature Extraction Method Based on Manifold Learning[J]. Electronics Letters, 2012,48(3): 139 – 140.

[24] Amoore J E. Specific A Nosmia: A Clue to the Olfactory Code[J]. Nature, 1976,214(5093):1095 – 1098.

[25] Kim JeongDo, Kim DongJin, Han DongWon, et al. A Proposal Represen-

tation，Digital Coding and Clustering of Odor Information[C]．IEEE Sensors 2006 Conference，2006：872－877．

[26] Kim JeongDo，Byun HyungGi. A Proposal of the Olfactory Information Presentation Method and Its Application for Scent Generator Using Web Service[J]．Journal of Sensor Science and Technology，2012，21(4)：249－255．

[27] Hayashi K. Human Olfactory Displays and Interfaces：Odor Code Sensor and Odor Reproduction[M]//Human Olfactory Displays and Interfaces：Odor Sensing and Presentation. IGI Global，2013：457－470．

[28] Girel D H，Restrepo D，Sejnowski T J. Temporal Processing in the Olfactory System：Can We See a Smell? [J]．Science Direct，2013，78(3)：416－432．

[29] 肯尼思·沃克,塞西尔·沃纳.空气污染来源与控制[M].蔡亲颜,等译.北京:中国环境科学出版社,1989.

[30] 程子彦.数字气味来袭,国内企业"拓荒"虚拟嗅觉[J].中国经济周刊,2016(42):84－85．

第 5 章　气味复现

通过多年对音频信息和视频信息的深入研究,借助网络技术,人类的听觉、视觉功能已在时间及空间上获得巨大拓展,实现了"顺风耳"和"千里眼"的梦想,而人类的嗅觉功能可否同样在时空上得到拓展,最终实现"万里飘香"的美好期待呢?

在第 4 章已经介绍了气味信息的表征及网络化传输,本章将介绍传输过来的"气味"如何在终端再现,给人以直接的感官感受。首先将阐述气味再现的两种不同实现方式的区别与优缺点,然后概述气味再现近年来的研究发展现状,重点介绍气味复现的理论方法与技术的实现过程。

5.1　气味播放、复现与再现

本书将各种物质气味(或物质气味信息)通过相关方法和技术进行远距离传输,并在远程终端(或本地终端)装置上进行恢复还原的过程称为气味再现。气味再现包括气味播放与气味复现两种不同实现方式。气味播放是事先预制好气味,在终端接收到气味信息后进行信息匹配,如果气味信息与预制的气味相符,则根据指令释放气味。气味复现则是通过香精香料的动态调配来实时释放目标气味,即当终端收到气味信息后,确定需要再现的目标气味,生成气味配方,再由配方选取香精香料进行现场调配生成目标气味释放出来。由于物质气味组成成分的复杂性以及受环境干扰大,气味播放与气味复现两种方式都只是对原始气味的一个最大相似度的复刻过程。

气味播放与气味复现两种方式各有利弊。气味播放的优势在于它事先预制好了气味,因此在实现气味终端再现的过程中比气味复现更快速,且它所再现的气味相似度会更加接近于原始气味;然而通过气味播放方式实现的气味再现,其种类有限,无法满足人类感官需求。反观气味复现方式,它根据接收到的气味信息进行实时动态调配来完成气味再现,这种方式可以再现出比气味播放方式更多的气味种类,5.2 节中讲述的气味复现理论介绍了基于"基气味"的气味复现方法,可以通过"基气味"的配比实现比选用香料种类更多的气味;然而气味复现在实现的过程中,时效性会比气味播放差,并且由于气味混合的复杂性,再现的目标气味的相似度往往要比气味播放方式低。

　　尽管气味播放的方式存在一定优势,但是随着社会的发展,人类物质及精神上的需求不断提升,有限的气味种类已无法满足人类嗅感感官的需求,气味复现的气味再现方式才是大势所需。作者团队多年来一直从事气味复现研究,致力于实现气味的高效、多样化再现。

　　那么,关于气味再现的研究发展现状如何呢? 近年来,越来越多的科研机构与高校团队参与到气味的网络传输与终端再现研究之中。

　　东京工业大学的 Haruka Matsukura、Tomohiko Nihei 和 Hiroshi Ishida 等人为了呈现气流以及气味的空间分布,设计了一套多感官(MSF)混合感觉呈现器。如图 5.1 所示,该装置由一个主屏幕和两个风扇组成,能够输出 31 种不同的气味。气味蒸气通过管子和一个头戴式耳机传递给用户。该装置能够准确地产生气味并迅速地对气味进行切换[1]。

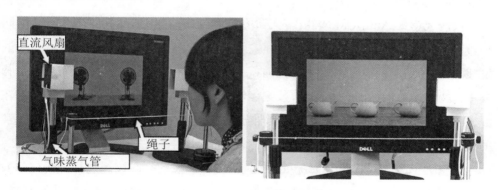

图 5.1　多感官混合感觉呈现器

　　日本先进技术研究所的 Kazushi Nishimoto 和 Yeong Hee Cho 等人,为了避免机械装置产生气味时的噪声,提出了一种专门用来释放气味的卡基式的气味发生器。如图 5.2 所示,芳香芯片置于芳香卡中,通过电加热的方式将固体的气味物质转化为气态,从而达到输出气味的目的[2]。

　　日本名古屋大学的 Sosuke Hoshino 等人,为了测试嗅觉媒体和触觉媒体之间的内部误差,设计了一套触觉和嗅觉相结合的感知系统。体验者通过触觉接口设备(PHANToM Omni)在 3D 虚拟环境下摘取水果,同时通过嗅觉现实器(SyP@D2)来感受摘取水果时产生的气味。如图 5.3 所示,SyP@D2 包括 6 个气味喷发盒,能够在任意时间内喷发任意一种气体,还能设置喷发气味的名称、喷发持续时间和喷发强度等参数[3]。

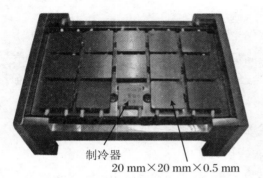

制冷器
20 mm×20 mm×0.5 mm

图 5.2　卡基式气味发生器　　　　　　　图 5.3　嗅觉和触觉显示系统

Takamichi 等人开发了一款烹饪游戏,该游戏可以让用户体验到炒菜的气味感受,用户加入诸如黄油、肉类、洋葱、大蒜、酒或咖喱糊等虚拟调料进行虚拟烹饪时,可闻到相应的气味[4]。

庆应大学的 Ami Kadowaki 等人研究嗅觉阈值,在达到视觉、嗅觉、听觉的同步过程中,为了克服人类在同种气味环境下产生的适应性问题,改造了一款气味散发装置,通过不断的电子抛射来在短时间内发出一种气味。这款设备可以控制脉冲单元为 667 μs。如图 5.4 所示,系统能够分析传送的气味并显示出气味元素在混合物中的比例的分析数据。在接收端,通过反馈控制来改变混合物中气味元素的比例,从而达到再生气味的目的。它的缺点是不能控制任意气味的输出[5,6]。

东京大学的 Yasuyuki Yanagida 等人对气味散发的空间控制进行了研究。如图 5.5 所示,和别的 HMD 式气味散发装置不同,他们研制的一款气味散发装置,不需要用户携带任何辅助设备,直接采用空气炮的形式将气味喷射到用户周围。该装置还能够追踪鼻子的位置,使发射器始终对准鼻子,从而使喷射的气味能够控制在有限的范围内[7—10]。

东京工业大学的 Takamichi Nakamoto 等人提出了全新的远程嗅觉再现系统。如图 5.6 所示,这个系统使用嗅觉传感系统来确定气味,并通过网络将气味信息传送到远处,然后用气味发生装置将气味信息转化为真实的气味。这个系统还能够重现气味浓度的变化。在远程视频中添加气味信息,用户即使在远离气味源的地方看视频,也能实时闻到真实的气味[11—15]。

图 5.4　Ami Kadowaki 的嗅觉显示器

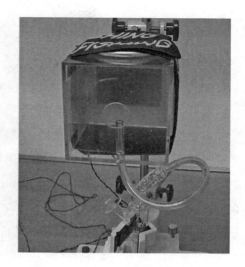

图 5.5　气味散发装置

2013 年,从事机器嗅觉研究的日本东京工业大学 Bartosz Wyszynskid 等人提出了"气味搅拌器"的概念,并研制出一套气味搅拌器装置,该装置工作无声,体型小,不会对周围环境产生热量,与一种广泛使用的喷墨装置组成的嗅觉显示器相比,效果更好。该装置将液体气味装在电渗泵中,然后控制液体气味流到声表面波器件(SAW)上雾化,产生气味,这样使用者就可以嗅到真实的气味。控制多种不同液体气味的 EO 泵可以实现气味的混合,产生不同的气味[16]。经 10%β-乙醇稀释的紫罗兰气味通过装置复现如图 5.7 所示。

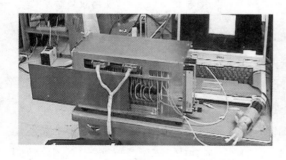

图 5.6　远程嗅觉复现系统

图 5.7　紫罗兰气味复现

2014 年,美国一家公司推出了一款能发送气味短信的产品"oPhone",此后还推出了一款名为"Cyrano"的气味扬声器。如图 5.8 所示,该装置自带 12 种自然情绪（natural moods）气味，包括番石榴、薰衣草、丁花香等，用户可以设置单一气味或自定义连续气味，还可通过手机将"播放列表"发送给好友，让对方一同体验当下的感受[17]。

2016 年，日本东京工业大学的 Kazuki Hashimoto 等人开发了一种声表面波（SAW）设备和微型泵组成的便携式嗅觉播放器，利用石英晶体气体传感器微量天平（QCM）实验，确定该播放器可播放预期强度的气味剂[18]。

2017 年，美国洛克菲勒大学的研究人员启动的一个项目利用众包策略设计出一种数学模型，这种模型能够预测一种分子产生的气味，它为寻找高效配制玫瑰香味等气味的方法的香水化学家开辟了新的可能性[19]。

2018 年，日本东京工业大学的 Shingo Kato 等人设计了一款可应用于 VR 设备的头戴式气味播放装置，如图 5.9 所示，该装置利用人体呼吸作用来播放气味，只有当用户嗅闻气味时，装置才播放出气味，该方法可以减少排放到空气中的废气味[20]。

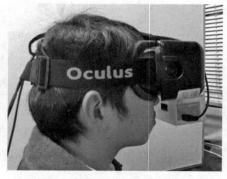

图 5.8　Cyrano 气味扬声器　　　　图 5.9　头戴式气味播放装置 VR

国内在嗅觉的研究方面，以气味的机器嗅觉信息获取与智能感知为主，而研究气味再现的相对较少。北京科技大学的孟宪宇等人，在分析"自然鱼"的嗅觉机制，参考"机器鱼"感知系统的基础上，研究并实现了一种人工鱼的嗅觉系统；华东理工大学的刘振宇等人研究了人工嗅觉在物质识别中的应用——对一些表现出香气物质的定性识别及其不同浓度的定量判断，其设计的嗅觉识别系统可以同时识别几十种物质；山东工业美术学院的徐春燕等将嗅觉感知应用到书籍的设计当中，她们认为气味可以强化书籍主题的表达，增强其立体表现力，为设计师提供了新思路和更多的设计可能性[21]。

国内市场上还出现了各种各样的电子香薰装置，它们结构简单、操作方便，适用于各种场合,通过加热加速香薰炉中香料和水的混合物的挥发,从而产生持久的气味。主要分为火焰加热和电子加热,电子加热装置由于其可控性和安全性更为普遍。

纵观国内外研究现状,目前的研究和应用主要集中在气味播放方面,采用的技术主要有加热和声表面波雾化两种方式,而气味复现的研究相对较少。

5.2　气味复现理论与方法

气味复现主要依据不同化学成分混合后的挥发来实现,把气味的化学成分配比称之为气味配方。首先要研究的一个问题就是不同香型气味与其化学成分配比之间是如何相互关联的。在气味调香理论中,把各种香料按香气的不同分成几种类型,然后才能对其实现准确配比。现今已知的有机化合物约 200 万种,其中约 20% 是有气味的,没有两种化合物的气味完全一样,所以世界上至少有 40 万种不同的气味。据研究,一般人能分辨两千种气味,经过训练的人可以分辨一万种。早期香料分类法把各种香料单体归到某一种香型中,但由于一种香料不可能用单一的香气表示其全部嗅觉内容,所以该分类方法在具体实践中有诸多缺点。因此,需要深入研究气味香型的分类,按不同类别建立不同的气味数据库,并研究化学上每一类香味所对应的成分及其配比比例,总结配制不同类别香型的气味所需要的具体化学成分及比例。

5.2.1　基气味

众所周知,太阳光可"分解"成七色光谱,图 5.10 是常见的七色光谱图。七色光谱又可"浓缩"成"黄、红、蓝"三原色。根据三原色原理,利用黄、红、蓝三种颜色就可以配制出世间万物所有的色彩,这就是彩色印刷、彩色电影、彩色电视能够实现的前提。

自然界所有的气味能不能也像太阳光一样"分解"成几个"基本气味"(或称"基气味")或"基本香型"呢? 如果可能的话,那可就"省事"多了,电脑调香、电脑评香、气味电影、让人居环境香气变换等都可成为现实。

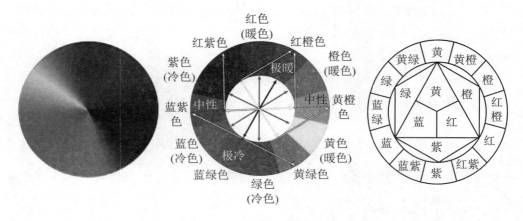

图 5.10　太阳光七色光谱图

　　然而事与愿违,世界各国的调香师和香料工作者在这方面做了大量的工作和努力,发表了许多各具特色的研究成果,包括"香味轮""气味轮""食品香气轮""香水香气轮"等等,但都不能类似三原色一样,利用几个"基本气味"或"基本香型"把自然界中所有的气味都配制出来。因为香精配制后,里面的香料单体马上产生各种化学反应,其结果是产生出许许多多新的物质。市场上供应的各种香料单体也不可能非常纯净,每一种原料都会带进一些杂质,加上各厂家生产的香料杂质不一样,许多香料混合起来杂质就更多了,这些杂质也参与各种化学变化,使得情况更加复杂。因此,通过少数几种"基本气味"配制出大自然所有的气味只是一个幻想。

　　既然通过几种"基气味"无法得到大自然所有的气味,不如跳过这一步,思考能否用少数的几种"基气味"配制出几十种、哪怕十几种气味;或者思考大部分的气味配方中是不是有相同的"基气味",其气味配方中的某些气味是否可以用其他相同的"基气味"进行替换,尽量让各个气味配方中有尽可能多的相同的"基本气味"。

　　基于此,可以借鉴调香理论中的一个较为"完整"的"自然界气味关系图"。林翔云曾在《调香术》中提出,自然界中各气味关系可用图 5.11 表示。该图的主要思想是:自然界的气味主要分成 4 大类,分别是果香、草木香、粉香、动物香,并由此延伸出自然界的 24 种"基本气味"。

　　从图 5.11 中可以看出,"粪臭"的对角是"樟脑香",这就是为什么人们喜欢在厕所里面放"樟脑丸"的原因;"腥臭"的对角是"草香",由此可以解释民间常用各种青草的香气来掩盖鱼腥臭……显然,它就像七色光谱图一样,具有"对角补缺"和"相邻补强"的性质。

　　该图的应用相当广泛,对于用香厂家来说,为了掩盖某种臭味或异味,可以利

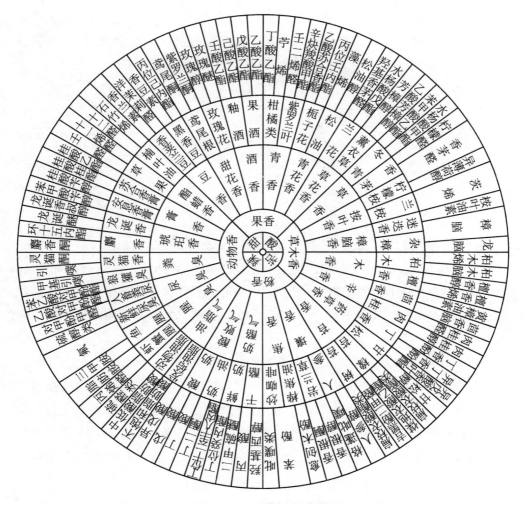

图 5.11 自然界气味关系图[22]

用该图中呈对角关系的香气或香料（或由这些香料组成的香精）"互补"（补缺）的性质进行处理，也可以利用相邻香气或香料（或由这些香料组成的香精）"互补"（补强）的性质来加强香气。调香师更可以利用这种"对角补缺"和"邻近补强"的原理开展工作：为了加强某种香气，可在图中该香气所在位置的邻近寻找"加强物"；为了消除某种异味，可在该香气所在位置的对角寻找能将其"掩盖"的香料。举一个例子说明该图在实践中的应用：

有一个香精配方如表 5.1 所示。以下这 5 个数据为图心（圆点）到该香料的距离：A 距圆点 25（任意长度单位，下同），B 距圆点 10，C 距圆点 20，D 距圆点 20，E 距圆点 40，将 A、B、C、D、E 5 点标在图上，如图 5.12 所示，把相邻两点用线段连接组成 1 个多边形（五边形），其重心 W（先把五边形看作 3 个三角形，分别求其重心，3 个重心再组成 1 个三角形，其重心就是五边形的重心）即为该香精"奇怪吸引子"的重心。这个重心落在草木香区，证明这个香精具有草木香韵。

表 5.1　香精配方

成分	香比强值
松油醇	50
洋茉莉醛	10
硅酸乙酯	20
薰衣草油	10
丁香酚	10

从图 5.12 可以看出，增减某些香料可以使"多边形"的重心向某个方向移动，当大量加入某种香料或香精时，"多边形"的重心会移到其他香型格中，这就是"香型多变"，这些分析同实践是吻合的。可以看出，自然界气味关系图中最外圈的香料类似于气味的"基本气味"。

后来，许多气味研究学者又提出了多种气味分类法，如"叶心农分类法""萨勃劳分类法""气味 ABC 分类法"。图 5.13 给出的是气味 ABC 分类法的气味关系图。由图 5.13 可知，气味 ABC 分类法利用我们大家熟悉的 26 个英文字母及其组合来表示自然界"最基本"的 32 种气味，其他气味可由这 32 种"基本气味"不断向外延伸或组合而得到。气味 ABC 分类法中各字母或字母组合表示的意义如表 5.2 所示。

表 5.2　气味 ABC 分类法各字母或字母组合的意义

字母	香味类别	英文名称	字母	香味类别	英文名称
A	脂肪族的	Aliphatic	Mo	霉味,菇香	Mould
Ac	酸味	Acid	M	铃兰花	Muguet
B	冰	Ice	N	麻醉性的	Narcotic
Br	苔藓	Bryophyte	O	兰花	Orchid
C	柑橘	Citrus	P	苯酚	Phenol
Ca	樟脑	Camphor	Q	香膏	Balsam
D	乳酪	Dairy	R	玫瑰	Rose
E	食品	Edible	S	辛香料	Spice
F	水果	Fruit	T	烟焦味	Smoke

续表

字母	香味类别	英文名称	字母	香味类别	英文名称
Fi	鱼腥味	Fishy	U	动物香	Animal
G	青,绿的	Green	V	香荚兰	Vanilla
H	药草	Herb	Ve	蔬菜	Vegetable
I	鸢尾	Iris	W	木头	Wood
J	茉莉	Jasmine	X	麝香	Musk
K	松柏	Conifer	Y	土壤香	Earthy
L	芳香族化合物	Aroma-chem	Z	有机溶剂	Solvent

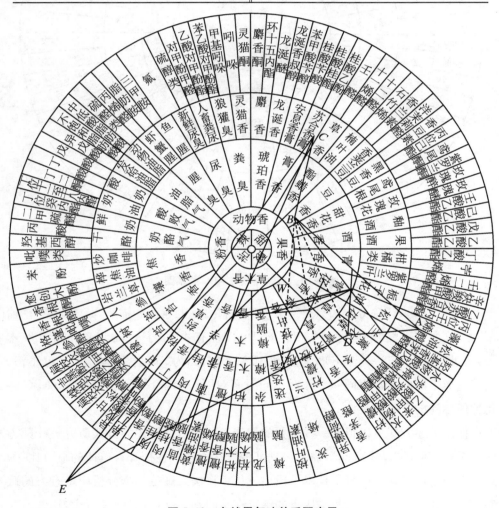

图 5.12　自然界气味关系图应用

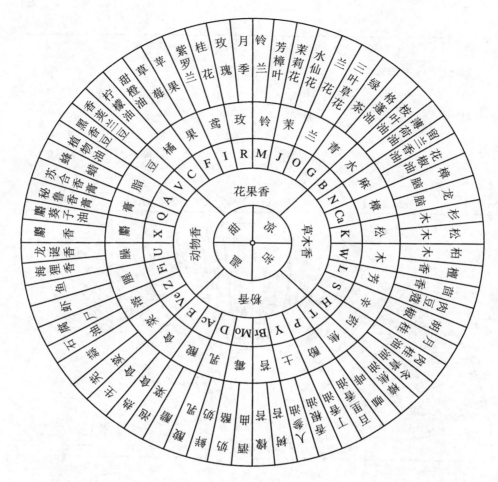

图 5.13 自然界气味 ABC 关系图

当然,气味 ABC 分类法只是部分人对香料香气的看法和描述,其中难免有"遗漏"或"交叉""重复"的问题,例如"桂醛"可以说有 40%药香、50%辛香和 10%木香,也可以说有 10%药香、80%辛香和 10%木香,因为"辛香"和"药香"区分不清。这就造成不同的人甚至同一个人在不同时间对同一个香料或香精的气味 ABC 量化数值标注的不一样。

使用上述方式可以得到一些想要的气味。要想借助上述的方式研究气味配方中是否有相同的"基本气味",需要得到某种气味香精中各种香料单体的百分比例,这可以借助现在先进的科学技术手段。气相色谱法无疑是气味分析中最有力的武器,因为气味都是可挥发的,常压下的沸点在常温到 400 ℃,腐蚀性不大,这些情况都满足气相色谱法的要求,可以说绝大多数气味的理化性质都在气相色谱法分析的"最佳适用范围"内。

5.2.2　复现过程

气味复现的关键是气味的特征信息和气味化学成分配比之间关系的建立。然而,目前所见报道的有关物质气味复现系统或装置的研究,均未能给出这方面的说明,也没有对气味复现的机理给出系统阐述。基于此,本书依据网络终端接收已编码的气味特征信息数据,对其解码后建立气味特征信息和化学成分配比之间的关系,通过控制器控制该气味组成成分按相应的比例混合,使复现气味更接近原始气味。气味复现系统如图 5.14 所示。

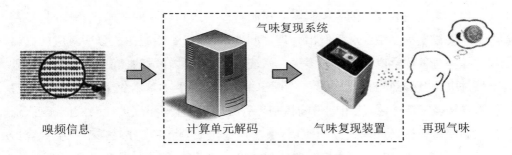

气味复现系统

嗅频信息　　　计算单元解码　　　气味复现装置　　　再现气味

图 5.14　气味复现系统

1. 嗅频解析

在 PC 接收端接收到信息码元后,依据采用的编码算法的编码规则,通过相关的运算法则处理之后,解析出码组的含义,得到原始的特征信息。由第 4 章可知,终端接收到的是嗅频,通过采用与传输逆反的过程提取信息,可以得到嗅频里面所包含的信息,即原始的特征信息。

得到嗅频信息之后,需要完成的是气味化学配比的确定。气味的复现与该种气味所对应的物质成分配比有直接关系,只有知道各种不同香型("基本气味")的成分是如何分类的,才能找到该种香型所对应的成分配比。结合化学调香理论中的理化数据、香比强值、阈值、留香值、香品值、综合分等参数,按相关化学公式,最终确定气味物质成分配比。

当一种气味的化学配比确定之后,需要由计算机经过计算转换成可以由复现装置主控制器进行控制的参量。具体路线是用计算机,通过实验建立气味物质化学成分配比与可进行控制的参量之间的对应关系,然后将转换后的可进行控制的参量传递给气味复现装置中的主控制器,进行下一步的操作,如图 5.15 所示。

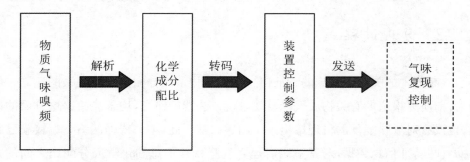

图 5.15　气味复现装置控制参数生成

2. 复现控制

当气味复现装置中的主控制器将控制指令发送到对应的控制电路中时,控制电路需要根据程序指令对其做出处理,判断应该开启哪些配比成分所对应的容器以及控制每种化学成分用量的多少。系统拟选择一种合适的控制器,配合搭建外围硬件电路,在不同的容器中装入调配水果香精所需要的基本化学成分,容器通过导管连接微型液体泵,使用电磁阀控制导管开闭,同时搭配流量计测液体流速,通过控制流速来控制每种成分的比例,当流速稳定后,将各成分混合至一空置容器中,该容器与电机相连,由主控制器控制电机转动,将每种化学成分充分混合,混合完毕后,打开该容器,让其气味自然散发,从而实现气味的复现。如图 5.16 所示。

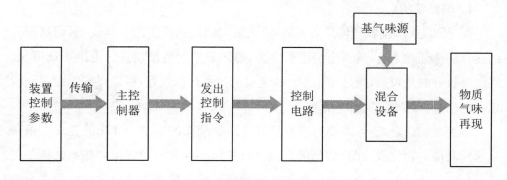

图 5.16　气味复现控制流程图

5.3　气味复现系统

5.3.1　系统基本架构

气味复现系统由负责气味信息解码的计算机与负责控制气味配比与散发的装置组成。作者团队研制的气味复现系统实物图如图 5.18 所示。计算机将接收到的嗅频信息进行解析后,将气味成分与比例通过以太网或者无线局域网发送到气味复现装置。

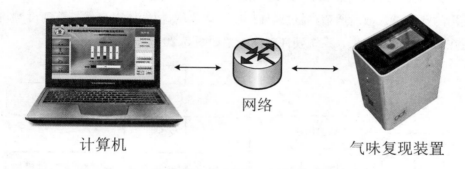

计算机　　　　　　　　　网络　　　　　　　　气味复现装置

图 5.18　气味复现系统实物图

该气味复现装置的顶端是一块 7 寸的可触摸液晶显示屏,装置内的控制系统使用 A8 处理器,搭载安卓系统。装置正面有电源按键和电源指示灯,两侧的蜂窝状小孔用于气味散发,左侧有一个风扇,后侧是系统的相关接口。系统的整体框架如图 5.19 所示。

5.3.2　硬件结构

1. 硬件框架

Cortex - A8 处理器通过控制信号控制整个复现系统。首先,控制转盘转到对应针管,再通过电机控制齿条挤压针管挤出相应量的试剂(挤压完齿条和转盘会复位到初始位置)。挤压出的液体进入试剂载盘上混合,其中载盘附有恒温加热片对

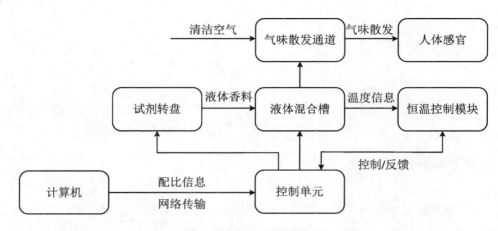

图 5.19　复现系统基本构成

其进行加热和温度传感器对温度进行测量,通过温度传感器反馈回来的信息,控制端可以实时监视控制加热状态,使试剂能够在恒定的适宜温度下进行反应挥发。挥发出的气体进入散发通道,通过风扇控制气流速度,使气体以自然气流速度顺着通道在另一端散发出来。系统硬件整体框架如图 5.20 所示。

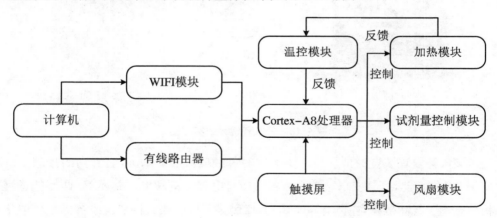

图 5.20　复现系统硬件框架

2. 硬件电路

由于复现系统的复杂性,加上后期很多功能扩展的需求,气味复现控制装置采用 Cortex‐A8 作为核心处理器。Cortex‐A8 处理器是 ARM 的第一款超标量处理器,具有提高代码密度和性能的技术、用于多媒体和信号处理的 NEON™技术,以及用于高效地支持预编译和即时编译 Java 及其他字节码语言的 Jazelle® 运行时间编译目标(RCT)技术。

运用 A8 处理器在硬件上可以代替 ARM7（STM32）实现对气味复现模块、气味采集模块以及其他模块的控制，其处理速度、精准度将会大大提升。在复现装置中 A8 作为主控芯片，通过接收采集端传送过来的气味组成成分和相应的控制信息，控制复现装置对气味进行复现。在复现过程中，通过把气味的组成成分和浓度等信息传进内核驱动程序中，控制电机模块对气味进行调配，最后通过控制加热模块和风扇模块使气味散发出来。在气味采集模块中，大量传感器的应用、良好的处理器性能使得数据采集速度、精确度以及后续的数据处理质量有着更为可靠的保证。另外，由于 A8 强大的处理能力以及可扩展的相应配套硬件，系统可以承载当今应用广泛的安卓系统以及苹果 IOS 系统。运用 A8 完成相应的硬件驱动后，加载功能强大的操作系统，在信息交互、网络传输等方面将会有更大的扩展空间，进一步实现智能化操作。另一方面，运用 A8 控制模块最终可以使整个装置成为贴近生活实际使用的移动智能设备，可以非常便捷地与广泛使用的移动手机等设备结合使用，具有广泛的应用性。

根据复现系统的需求设计出外围控制电路并制定出自己的 PCB 板，搭载微处理器的核心板即可实现所需功能。

3. 复现系统硬件实物

最终经过团队成员的设计，结合 Cortex‑A8 微处理器，设计出所需的原理图、PCB 图及硬件实物图。气味复现控制系统的硬件实物图如图 5.21 所示。

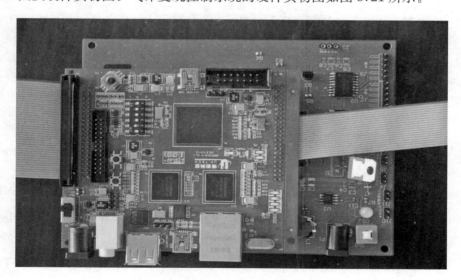

图 5.21 搭载 A8 控制板的硬件实物

5.3.3　软件组成

1. PC 端控制软件

编写客户端软件,实现物质气味复现控制系统操控台对硬件装置进行控制,其 UI 如图 5.22 所示。

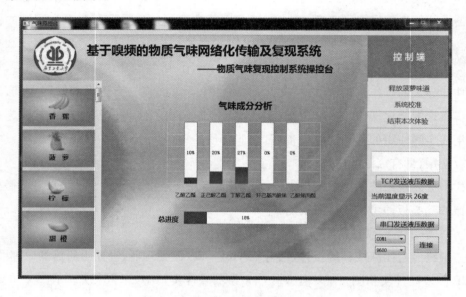

图 5.22　气味复现控制系统软件 UI

2. 安卓端控制软件

在 A8 实验板上运行安卓系统,并完成相关硬件驱动的移植与实现,让整个装置的复现与采集功能在安卓系统上运行,可以完成与 PC 端控制软件相同的功能。安卓系统移植最重要的步骤是修改硬件抽象层,在进行该项移植前,必须先理解安卓系统的内核。

(1)安卓系统内核

Android 运行于 Linux kernel 之上,但并不是 GNU/Linux。在一般 GNU/Linux 里支持的功能,Android 大都没有支持,包括 Cairo、X11、Alsa、FFmpeg、GTK、Pango 及 Glibc 等都被移除掉了。

Android 又以 Bionic 取代 Glibc,以 Skia 取代 Cairo,以 Opencore 取代 FFmpeg,等等。Android 为了达到商业应用,必须移除被 GNU GPL 授权证所约束的部分,例如 Android 将驱动程序移到 userspace,使得 Linux driver 与 Linux kernel

彻底分开。Bionic/libc/kernel/并非标准的 Kernel header files。Android 的 Kernel header 是利用工具由 Linux kernel header 所产生的,这样做是为了保留常数、数据结构与宏。

Android 的 Linux kernel 控制包括安全(security)、存储器管理(memory management)、程序管理(process management)、网络堆栈(network stack),驱动程序模型(driver model)等。下载 Android 源码之前,先要安装其构建工具 Repo 来初始化源码。Repo 是 Android 用来辅助 Git 工作的一个工具。

(2) 硬件抽象层

Android 的硬件抽象层,简单来说,就是对 Linux 内核驱动程序的封装,向上提供接口,屏蔽低层的实现细节。也就是说,把对硬件的支持分成了两层,一层放在用户空间(user space),一层放在内核空间(kernel space),其中,硬件抽象层运行在用户空间,而 Linux 内核驱动程序运行在内核空间。Linux 内核源代码版权遵循 GNU License,而 Android 源代码版权遵循 Apache License,前者在发布产品时,必须公布源代码,而后者无需发布源代码。如果把对硬件支持的所有代码都放在 Linux 驱动层,那就意味着发布时要公开驱动程序的源代码,而这也就意味着把硬件的相关参数和实现都公开了,在移动终端市场竞争激烈的今天,这对厂家来说损害是非常大的。因此,Android 才会想到把对硬件的支持分成硬件抽象层和内核驱动层,内核驱动层只提供简单的访问硬件逻辑,例如读写硬件寄存器的通道,至于从硬件中读到哪些值或者写了什么值到硬件中的逻辑,都放在硬件抽象层中去,这样就可以把商业秘密隐藏起来了,也正是由于这个分层的原因,Android 被踢出了 Linux 内核主线代码树中。

学习 Android 硬件抽象层,对理解整个 Android 整个系统都是极其有用的,因为它自下而上涉及了 Android 系统的硬件驱动层、硬件抽象层、运行时库和应用程序框架层等等,图 5.23 阐述了硬件抽象层在 Android 系统中的位置,以及它和其他层的关系。

在把整个硬件驱动移植进安卓系统体系过程中,最重要的是将驱动函数放在硬件抽象层的指定结构体当中,向更上一层提供硬件访问接口,即为 Android 的 Application Frameworks 层提供硬件服务。Android 系统的应用程序是用 Java 语言编写的,而硬件驱动程序是用 C 语言来实现的,众所周知,Java 提供了 JNI 方法调用,同样在 Android 系统中,Java 应用程序通过 JNI 来调用硬件抽象层接口。当把所有向应用层提供的方法都封装成一个类后,安卓应用程序便可以调用驱动函数了。如图 5.24 所示。

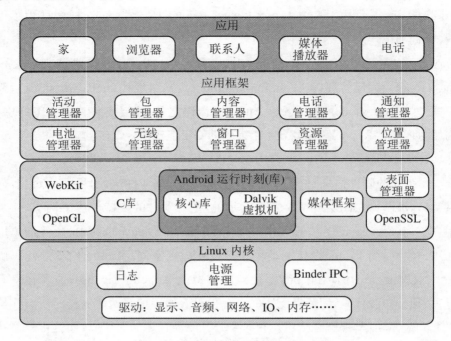

图 5.23　基于安卓系统的软件架构

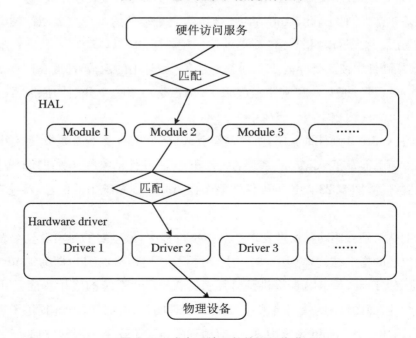

图 5.24　安卓系统函数的层层传递

（3）安卓应用程序

安卓应用程序的开发主要分为 2 个阶段进行,第 1 个阶段是调试已经成功移植的硬件驱动程序,在该应用程序的装置控制当中,可以方便地试验装置的各个操作,例如对装置的加热,出风的控制,对化学试剂的调试以及搅拌等,如图 5.25 所示,可以看到各功能的启停状态。

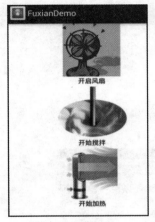  

(a) 控制状态1　　　　　　(b) 控制状态2　　　　　　(c) 控制量管理

图 5.25　移动端的控制界面

这里还增加了局域网内的 socket 通信以方便调试整个装置。在 UNIX 系统中,网络应用编程界面有 2 类:UNIX BSD 的套接字(socket)和 UNIX System V 的 TLI。由于 Sun 公司采用了支持 TCP/IP 的 UNIX BSD 操作系统,使 TCP/IP 的应用有了更大的发展,其网络应用编程界面——套接字在网络软件中被广泛应用,至今已引进到微机操作系统 DOS 和 Windows 中,成为开发网络应用软件强有力的工具。利用 socket 通信,可以方便地在局域网内甚至是今后的远程通信中对整个装置进行控制,而最开始,局域网内的调试是用最简单的指令去完成的。如图 5.26 所示。

最后实现整个装置的气味自动化采集以及复现,在如图 5.27 所示的复现应用界面图中,可以看到这个复现过程的进度状态等,在气味选择以及气味产生量一栏中输入符合的值,整个装置便会进行全自动的气味复现。

安卓系统在 A8 上的移植以及应用程序的开发,都带给体验者更方便灵活的操作体验。整个装置的气味采集与复现功能都能够在 A8 的安卓系统的指导下完成,通过远程服务的协助,还可以远程通过 socket 信讯操作整个装置的气味采集以及复现。

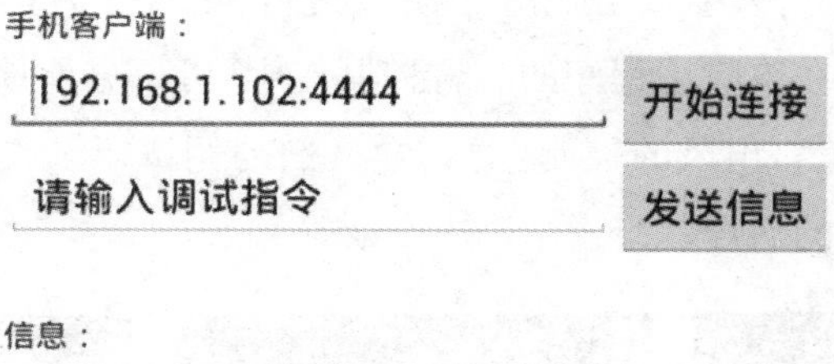

手机客户端：
192.168.1.102:4444
开始连接
请输入调试指令
发送信息
信息：

图 5.26 移动端的远程调试界面

当前物质气味
芒果
雪梨
橘子
柠檬
香蕉
玫瑰
茉莉
桂花
设置
模式选择：无散发
对 象 选 择
清 洗
服 务 器 状 态
关 于 我 们

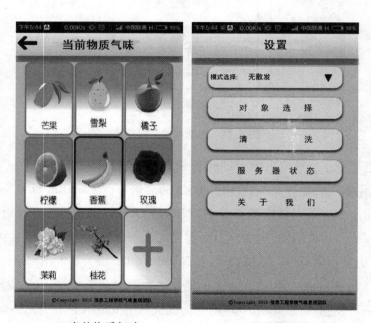

(a) 当前物质气味　　(b) 设置界面

图 5.27 移动端气味复现界面

参 考 文 献

[1] Matsukura H, Nihei T, Ishida H. Multi-sensorialField Display: Presenting Spatial Distribution of Airflow and Odor[C]//Virtual Reality Conference (VR), 2011 IEEE. IEEE, 2011: 119 - 122.

[2] Kim D W, Cho Y H, Nishimoto K, et al. Development of Aroma-card Based Soundless Olfactory Display[C]//Electronics, Circuits, and Systems, 2009. ICECS 2009. 16th IEEE International Conference on. IEEE, 2009: 703 - 706.

[3] Hoshino S, Ishibashi Y, Fukushima N, et al. Qo EAssessment in Olfactory and Haptic Media Transmission: Influence of Inter-stream Synchronization error[C]//Communications Quality and Reliability (CQR). 2011 IEEE International Workshop Technical Committee on. IEEE, 2011: 1 - 6.

[4] 杨文珍, 吴新丽. 虚拟嗅觉研究综述[J]. 系统仿真学报, 2013, 25(010): 2271 - 2277.

[5] Kadowaki A, Noguchi D, Sugimoto S, et al. Development of a High-performance Olfactory Display and Measurement of Olfactory Characteristics for Pulse Ejections[C]//Applications and the Internet (SAINT), 2010 10th IEEE/IPSJ International Symposium on. IEEE, 2010: 1 - 6.

[6] Sugimoto S, Noguchi D, Bannnai Y, et al. InkJet Olfactory Display Enabling Instantaneous Switches of Scents[C]//Proceedings of the International Conference on Multimedia. ACM, 2010: 301 - 310.

[7] Ikegami A, Olsen C M, D'Souza M S, et al. Experience-dependentEffects of Cocaine Self-administration/Conditioning on Prefrontal and Accumbens Dopamine Responses[J]. Behavioral neuroscience, 2007, 121(2): 389.

[8] Tanikawa T, Hirose M. AStudy of Multi-modal Display System with Visual Feedback[C]//Universal Communication, 2008. ISUC'08. Second International Symposium on. IEEE, 2008: 285 - 292.

[9] Matsukura H, Ohno A, Ishida H. On theEffect of Airflow on Odor Presen-

tation[C]//Virtual Reality Conference（VR），2010 IEEE. IEEE，2010：287 - 288.

[10] Yanagida Y，Noma H，Tetsutani N，et al. AnUnencumbering，Localized Olfactory Display[C]//CHI'03 Extended Abstracts on Human Factors in Computing Systems. ACM，2003：988 - 989.

[11] Yanagida Y，Kawato S，Noma H，et al. ProjectionBased Olfactory Display with Nose Tracking[C]//Virtual Reality，2004. Proceedings. IEEE. IEEE，2004：43 - 50.

[12] Nakaizumi F，Noma H，Hosaka K，et al. Spot Scents：aNovel Method of Natural Scent Delivery Using Multiple Scent Projectors[C]//Virtual Reality Conference，2006. IEEE，2006：207 - 214.

[13] Yanagida Y，Kawato S，Noma H，et al. ANose-tracked，Personal Olfactory Display [C]//Acmsiggraph 2003 Sketches & Applications. ACM，2003：1.

[14] Sato J，Ohtsu K，Bannai Y，et al. PulseEjection Technique of Scent to Create Dynamic Perspective[C]//18th International Conference on Artificial Reality and Telexistence，2008：167 - 174.

[15] Nakamoto T，Nimsuk N，Wyszynski B，et al. Reproduction ofScent and Video at Remote Site Using Odor Sensing System and Olfactory Display Together with Camera[C]//Sensors，2008 IEEE. IEEE，2008：799 - 802.

[16] Ariyakul Y，Hosoda Y，Nakamoto T. Improvement of Odor Blender Using Electroosmotic Pumps and SAW Atomizer for Low-volatile Scents [C]//IEEE Sensors 2012 Conference，2012：1 - 4.

[17] 风帆. 奇葩设备可发送气味短信 [EB/OL]. (2014-07-30). https：//tech. qq. com/a/20140730/078426. htm.

[18] Hashimoto K，Nakamoto T. Tiny Olfactory Display Using Surface Acoustic Wave Device and Micropumps for Wearable Applications[J]. IEEE Sensors Journal，2016，16(12)：4974 - 4980.

[19] Kella A，Gerkin R C，et al. Predicting Human Olfactory Perception from Chemical Features of Odor Molecules[J]. Science，2017，355(6327)：820.

［20］Kato S，Lseki M，Nakamoto T. Demonstration of Olfactory Display Based on Sniffing Action［Z］. 2018：761－762.

［21］余岭. 一种虚拟嗅觉气味生成装置的研发［D］.杭州：浙江理工大学，2014.

［22］林翔云. 调香术［M］.3 版.北京：化学工业出版社，2013.

第6章 机器嗅觉系统的应用及展望

近十年来,伴随着传感器工艺的提高以及智能硬件和软件算法的快速发展,许多国家和研究机构积极开展机器嗅觉的研究和开发工作,使得机器嗅觉系统朝着小型化、高精度、智能化的方向蓬勃发展。机器嗅觉系统在诸多行业开始应用[1],例如在医疗行业,应用机器嗅觉系统可以实现疾病的快速检测和中药材的识别;在食品和饮料等相关行业已经开始应用机器嗅觉仪器对产品的生产和加工进行检测与管理[2];在公共安全检测和环境监测领域,机器嗅觉系统已经展现出极大的市场潜力[3]。同时,随着虚拟现实(virtual reality,VR)、增强现实(augmented reality,AR)等新兴智能技术的发展,能传输和再现气味的机器嗅觉系统将更加广泛、更加全面和更加深入地应用到人们的生产生活中[4]。

6.1 气味识别应用

在人类活动中,常常需要判定、辨别和分析物质的气味。例如对咖啡、烟草、香水等商品气味信息品质的评价,对生活环境中各种易燃、易爆、有毒气体的检测等。传统的判定模式主要是嗅辨员评定和化学分析方法相结合。嗅辨员评定方法需要对从业人员进行专业的培训后才能实施,这无疑增加了成本;其次,人工评价方法受人的生理、经验、情绪、环境等主客观因素的影响,缺乏客观性和标准性,且人的感官容易疲劳、适应和习惯,久而久之导致人对特定气味的敏感度丧失,从而影响评定结果的准确程度。化学分析方法所需时间较长,检测仪器体积较大,便携性差。因而开发出能长时间工作、能识别各种气体并且能够给出气体浓度和成分等客观指标的智能仪器就变得十分必要。

随着机器嗅觉的进一步发展,电子鼻逐渐被应用到感官评价和生产加工控制中,利用电子鼻能够精准地对物质气味进行感官分析和成分分析,提高气体判断的效率和质量。电子鼻的开发和利用有效解决了对不易嗅到的挥发性物质的判断和分析问题。相比于传统的气味分析技术,如气相色谱法(gas chromatography,GC)、质谱法(mass spectroscopy,MS)、火焰离子化检测(flame ionization detection,FID)等,电子鼻凭借快捷、简便和经济等优点,在医疗、食品加工和环境检测等领域得到了广泛的应用。

6.1.1 气味识别在医疗领域的应用

电子鼻系统在医疗领域的应用主要包括 2 个方面[5],如图 6.1 所示。一是在医学诊断中使用电子鼻检测和判断疾病是否存在,例如诊断肺癌、2 型糖尿病和微生物感染等;二是在中医药领域对中药材进行分类识别、道地性鉴别和质量分析等。

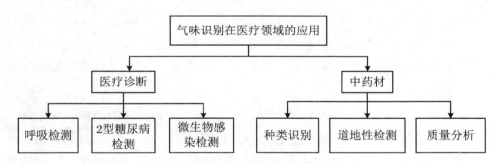

图 6.1 电子鼻在医疗领域的应用

现代医学通过研究疾病的致病机理,有力地说明了患者呼出的某些气体成分与身体某方面的疾病有关,如肝硬化患者的呼气中会出现脂肪酸,肾衰竭者的呼气中有三甲氨,肝癌患者的呼气中会存在烷类和苯的衍生物等。因此,通过分析被检者呼出的气体成分来诊断疾病成为辅助传统临床诊疗的一种可行的方法。传统医疗诊断方式是从人体中抽取一些液体进行化验,比较费时。用电子鼻直接检测患者呼出的气体显然简单快捷得多。目前临床上已有用电子鼻监测肺癌患者病情的报道[6],研究发现,虽然肺癌患者早期并没有明显器质性的病变,但其呼出的气体中含有已具有肺癌特征的挥发性有机化合物[7]。因此,检测这些气味分子并将其作为诊断早期肺癌的特异性指标备受关注。电子鼻通过检测患者呼出气体中的挥发性化合物还可区分不同肺部炎症疾病,如慢性阻塞性肺病(COPD)、哮喘等,所以电子鼻在诊断呼吸系统疾病方面的应用越来越广泛。

在我国中医的理论实践过程中,大多数医师将中药材的气味当作质量与品种产地鉴别的重要依据之一。药材的气味与所含成分、性质有关,每一种中药材都有其自身特殊的气味,有的甚至还具有很浓的刺激味。如鱼腥草具鱼腥气,白鲜皮具羊膻气,香加皮与地骨皮外形相似,香加皮具有浓厚的香气可与地骨皮区别,肉桂、薄荷、龙脑、砂仁等香气浓烈,花、全草、叶类、种子药材均有一定的香气或特殊的臭气。可利用电子鼻通过中药材的气味对中药材进行种类识别、新鲜度检测和道地性检测,在国内外,采用机器嗅觉技术对植物药进行质量控制已有研究报道。

1. 基于 PEN3 进行中药材种类识别

中药指纹图谱是一种中药质量评判的新方法,为中药材鉴别开辟了新的思路。所谓中药指纹图谱借用了法医学的"指纹"概念,它是将中药材或中成药经适当处理后,再利用现代信息采集技术和质量分析手段对其进行分析,得到一种能够表达该中药材或该中成药的唯一特定的品质图形。由于这种品质图形类似于人体指纹且具有唯一特定性,因此将其称之为中药指纹图谱。以日本为主的发达国家,在植物药指纹图谱方面进行了较深入的研究。我国在中药指纹图谱上的研究起步于 20 世纪 60 年代,与发达国家相比,在研究速度和成效上还存在一定的差距。

随着现代仪器分析方法的快速发展,多种方法在中药指纹图谱的研究中得到了应用。中药指纹图谱的主要技术包括薄层色谱(TLC)指纹图谱、高效液相色谱(HPLC)指纹图谱、气相色谱(GC)指纹图谱和电泳法(CE)指纹图谱等。这些技术已在中药材质量与品种鉴别中获得了一定应用。但是,由于这些方法本身都具有局限性,而且都在不同程度上脱离了我国中医的理论实践方法,所以应用还不是很广泛。

我们采用机器嗅觉技术来模拟动物的嗅觉功能,先通过机器嗅觉的阵列传感检测技术对中药材的气味进行全面整体检测,然后提取中药材挥发的气味信息来建立气味指纹图谱,达到鉴别不同中药材的目的。采用主成分分析法和线性判别分析法识别八角、白豆蔻、川芎、丁香、荆芥、肉桂、砂仁等 7 种中药材。

实验采用便携式电子鼻 PEN3。PEN3 是德国 Airsense 公司开发的商业化电子鼻,在其电子鼻产品——PEN(portable electronic nose, PEN)系列中,PEN3 是比较成熟的便携式电子鼻。PEN3 主要由取样操作器即气路流量控制系统、气体传感器阵列和模式识别系统(WinMuster)3 种功能器件组成,其外观如图 6.2

所示。

图 6.2　PEN3 电子鼻实物图

取样操作器的主要部件是自动进样泵和流量控制器。取样操作器保证了在各种复杂的情况下 PEN3 内部气流的稳定,使 PEN3 实现了在实验室、在线控制、开放环境等各种复杂状况下的正常使用,起着类似于人的鼻子的作用。

PEN3 使用 10 个不同的金属氧化物传感器组成传感器阵列,这些传感器阵列对不同的化学成分有不同的响应值,其中对硫基化合物、甲烷、氢、乙醇和烃类物质有很好的选择性。

WinMuster 是 PEN3 自带的检测与模式识别软件,该软件提供了多种参数以便控制 PEN3 的采样过程,如采样时长(sampling time)、传感器阵列清洗时间(flush time)、进样针进气流量(injection flow)等参数。此外,WinMuster 软件也提供了多种在机器嗅觉系统中常用的模式识别算法,如欧氏(Euclidean)距离分类法、马氏(Mahalanobis)距离分类法、相关性(correlation)分析、主成分分析(PCA)、线性判别分析(LDA)、确定有限自动机(DFA)以及偏最小二乘法(PLS)等,通过上述模式识别技术,可以识别简单或复杂的化合物或者混合气体。

设置和记录实验参数如下:实验室温度 27.5 ℃,相对湿度 82%,样品瓶容量250 mL,顶空生成时间 30 min,连续采样 12 次。将 PEN3 电子鼻与电脑连接好后,运行其配套软件 WinMuster。首先设定系统的各检测参数,如采样及清洗时间等,然后选择保存检测结果的文件夹及路径,并为每个待测的样品按一定规则命名,即可开始检测。样品进气流量均设置为 400 mL,采样时间为 60 s,传感器漂洗时间为 180 s。

使用 PEN3 对 7 种不同品种的中药材样品的原始特征参数进行主成分分析(PCA 分析),前 2 个主成分的累积方差贡献率已经超过 85%,达到 Variance:99.338%,其中第 1 个 main axis 方差贡献率为 95.886%,第 2 个 main axis 方差贡献率为 3.4518%。根据前 2 个主成分的得分值可画出 7 种不同品种中药材的二维分布图,如图 6.3 所示,其中每 1 个点代表 1 种样本,可见通过 PCA 分析就能够将所有样品分开。不过图中每类样品主要呈带状分布,集中度不是很高。

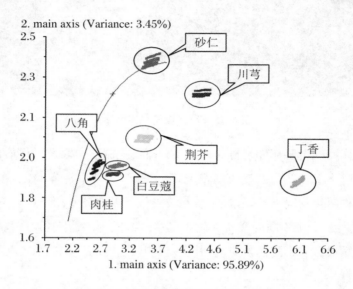

图 6.3　7 种中药材 PCA 分析结果

对 7 种不同品种的中药材样品的原始特征参数进行线性判别分析(LDA 分析),前 2 个主成分的累积方差贡献率也超过 85%,达到 Variance:93.488%,其中第 1 个 main axis 方差贡献率为 78.761%,第 2 个 main axis 方差贡献率为 14.726%。根据由前 2 个主成分的得分值可画出 7 种不同品种中药材的二维分布图,如图 6.4 所示,其中每 1 个点代表 1 种样本。

可见通过 LDA 分析也同样能够将所有样品分开,并且图中每类样品主要呈点状分布,集中度比 PCA 方法高很多。

对于气味信息分析与处理,作者团队已经建立了较完善的软件分析系统,申请并获得了 3 套软件著作权,分别是仿生嗅觉气味识别软件 Abssors、辛味中药材气

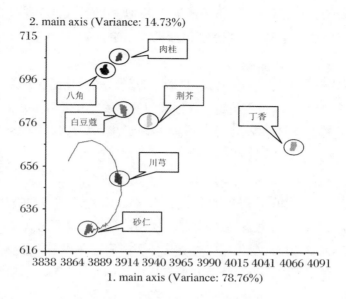

图 6.4　7 种中药材 LDA 分析结果

味指纹图谱分析软件 Y1.0 和仿生嗅觉采集识别系统软件，如图 6.5 所示。

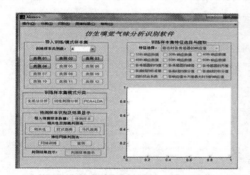

(a) 仿生嗅觉气味识别软件Abssors　　　　(b) 辛味中药材气味指纹图谱分析软件

图 6.5　气味信息分析与处理软件

2．电子鼻在呼吸诊断中的应用

近些年来，呼吸分析方法作为一种疾病诊断和疾病治疗监测工具越来越受到关注，尤其是在医学和临床中的应用。与其他传统方法相比，如血液测试、尿液测试，呼吸分析法是非侵入性的、实时的，对于患者和收集气体的医务人员都没有损害。当前呼吸分析法通常通过气相色谱法（GC）或电子鼻来进行检测。气相色谱分析方法得到的检测结果非常准确，但价格昂贵，设备体积大、不便于携带，其采样和分析过程复杂且耗时。相比于气相色谱法，电子鼻具有价格便宜、设备仪器体积小和检测快速等特点。所以一个更加经济实惠、便携的替代方案是使用电子鼻系统进行呼吸检测分析。目前电子鼻已逐渐被应用于肾病、糖尿病、肺癌和哮喘的诊断。

人类的呼出气体主要由氧气、二氧化碳、水蒸气、一氧化氮和众多的挥发性有机化合物（VOCs）组成[8]，任何特定个体呼吸中的挥发性有机物种类和数量都会有所不同，但仍然有一个相对较小的共同点存在于所有的人类中[9]，即个体呼吸中的分子可分为外源分子和内源分子[10]。外源分子是那些被吸入或从其他环境摄入的分子（如空气和食物），因此，它们是没有诊断价值的[11]；内源分子是通过新陈代谢过程或从流经肺泡膜的血液中分离得到的，这些内源分子的存在与它们在血液中循环和穿过肺泡膜时的类型、浓度、挥发性、脂溶性以及扩散速率有关。挥发性有机化合物（VOCs）浓度的变化可能表明某种疾病的存在或至少是新陈代谢的变化。例如，一氧化氮可以作为哮喘或其他气道炎症的一个指标[12]；精神分裂症患者的呼出气体中戊烷和二硫化碳的含量将增加[13]；在肺癌患者中，挥发性有机化合物的浓度，如三烯、苯甲酸和苯的浓度明显高于正常人；丙酮已被发现在糖尿病患者的呼出气体中含量更高[14]；肾脏病患者的氨含量显著升高[15]。表 6.1 给出的是健康人体内源呼吸的典型成分。

表 6.1　健康人体内源呼吸的典型成分

浓度	分子
百分之一	氧气、水蒸气、二氧化碳
百万分之一	丙酮、一氧化碳、甲烷、氢、异戊二烯、苯甲醇
十亿分之一	甲醛、乙醛、1-戊烷、乙烷、乙烯、其他碳氢化合物、一氧化氮、甲醇、苯、氨等

电子鼻呼吸诊断法包含 3 个阶段：气体采集、采样和数据分析，如图 6.6 所示。首先使用泰德拉（Tedlar）气体采样袋对患者的呼出气体进行收集；然后将收集的气体注入一个包含传感器阵列的腔室中，测量电路测量呼出气体与传感器之间的相互作用，负责将气味信号转换成电子信号；最后，信号经过滤波和放大后发送到计算机进行信号预处理、特征提取和分类。

我们使用电子鼻系统来区分健康呼吸样本和患有糖尿病、肾病、气管炎疾病呼吸样本。图 6.7 显示了 12 个不同的传感器（S1～S12）对 4 种样本的响应，水平轴代表采样时间（0～90 s），垂直轴表示传感器输出电压的幅值，每条曲线中的数字是传感器的编号。图 6.7 中（a）为健康受试者样本，（b）为糖尿病受试者样本，（c）是

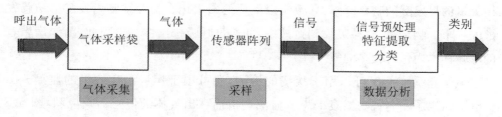

图 6.6　电子鼻诊断法工作流程

肾病受试者样本,(d)为气管炎受试者样本。

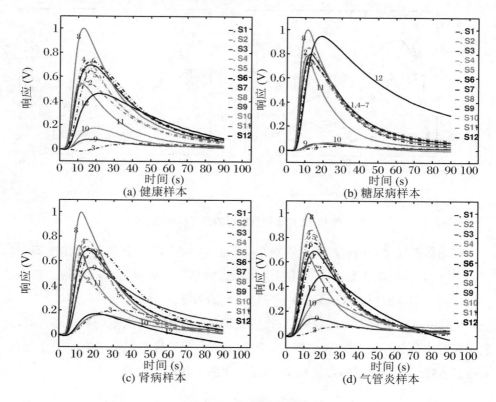

图 6.7　传感器响应图

　　分析上述 4 种样本的传感器响应图,可以得到以下结论:2 号、4 号、5 号和 12 号传感器对糖尿病反应灵敏;肾病患者样本的 9 号传感器响应明显高于其他样本,且 9 号传感器对氨是最敏感的,表明肾功能衰竭患者呼出气体中氨的含量大大增加,这与实际符合;对气管炎疾病的响应来自 10 号传感器,10 号传感器通常用于检测一氧化氮气体。值得一提的是,在图 6.7(b)中第 12 号传感器给出了一个非常显著的响应,虽然它并不用于挥发性有机化合物的检测。糖尿病患者通常会食用大量的可发酵的膳食纤维,导致难以消化的碳水化合物在结肠内发酵。结肠发酵的一个产物是氢,它被吸收到血液中,并通过呼吸排出体外。因此,糖尿病患者的呼吸样本内包含较多的氢气。

电子鼻系统不仅可以用于疾病的检测,还可用于疾病治疗效果的监测。图 6.8(a)给出了一名肾功能衰竭患者血液透析前呼出气体的传感器响应图,图 6.8(b)显示了该名病人进行血液透析治疗后采集样本的传感器响应图,曲线代表每个传感器(S1 – S12)的输出。

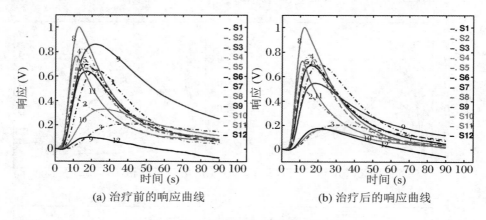

(a) 治疗前的响应曲线　　　　　(b) 治疗后的响应曲线

图 6.8　患者治疗前后的传感器响应

肾功能衰竭患者因肾脏无法有效工作,血液中的尿废物无法正常排出而在体内积累,因此肾功能衰竭疾病的呼出气体标志物是氨。血液透析治疗帮助病人从血液中去除多余的尿素和肌酐,从而降低了氨的浓度。

从图 6.9 中可以明显地观察到,血液透析前 9 号传感器的平均响应非常高,这表明在呼出气体中氨的浓度相当大;经过治疗后,9 号传感器平均响应明显降低,表明患者呼出气体中氨的含量减少了,患者得到了较好的治疗。

6.1.2　气味识别在食品领域的应用

民以食为天,食以安为先。食品安全事关人民群众身体健康和生命安全,事关经济发展与社会和谐。目前食品安全形势严峻,食品安全成为人们关注的重大问题。

食品不安全因素贯穿食品供应的全过程,从我国的情况来看,微生物污染、农药和兽药残留超标、产地环境不理想、生产方式落后、食品加工水平较低、检测手段

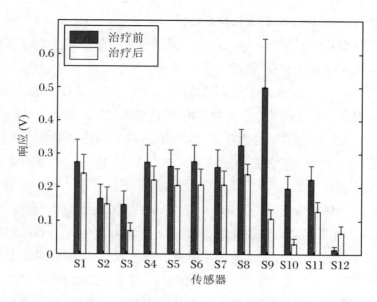

图 6.9　患者治疗前后的传感器平均响应

和检测标准不完善、假冒伪劣产品等因素直接制约了我国食品安全水平的提高。近年来,社会上接连出现"僵尸肉""苏丹红事件""三聚氰胺问题奶粉事件""地沟油""双汇瘦肉精事件"等有毒或不安全食品事件,使得食品质量安全问题一次又一次成为政府和大家关注的热点。必须下大力气从根本上改善食品安全状况,使人民群众吃得放心、吃得安全。食品生产者、政府监管机构和消费者对农产品品质分析手段的要求向着实时、快速、无损的方向转变,在这一背景下,新型、快捷、高效、实时的检测技术及仪器设备成为市场的重大需求。

　　机器嗅觉在食品领域的应用范围相当广泛。在食物储藏中,可检测鱼、肉、蔬菜、水果等的新鲜度。肉制品是人们日常生活中不可或缺的消费品,它的新鲜度对人的健康有较大影响。近年来,电子鼻在肉制品新鲜度检测中的应用越来越多,如存放中变质的猪肉由于蛋白质、脂肪、碳水化合物被微生物分解,会产生各种胺类、吲哚、酸类、酮类等物质,从而有明显的腐臭味,利用电子鼻跟踪这些气味,可以判断猪肉变质与否[16]。在食品生产加工过程方面,气味是食品品质评价中的一项重要指标,可以使用机器嗅觉系统实时地监测食物加工过程中的气味变化,实现食物品质在线监测,获得加工品质最好的时机。在食品评价方面,它可以用来评价水果、葡萄酒、干酪和肉制品等的成熟度,也可评价和识别不同品牌的白酒、葡萄酒和黄酒[17],检测果汁等饮料的新鲜度。此外,它还可以用来分析包装材料及其与产品的相互作用。

1. 基于 Cyranose 320 的鱼新鲜度估计

水产品的质量管理是水产加工行业非常重要的一个环节。传统上,水产品的新鲜度主要采用感官评价或气相色谱分析的方法进行监测。这些方法或不够准确或费时较长,不便对产品质量进行实时监测。因此,高效、快捷的水产品质量监测技术的研究受到了很大的关注。研究发现,利用机器嗅觉监测水产品的新鲜度,是一种快速、可靠,可实现自动检测并且对水产品无任何伤害的非侵入式新型技术。目前国外已开发出用于检测鱼肉新鲜度的 NST3210(4MOS)机器嗅觉系统,其发展前景十分广阔。

以新西兰市场上最受欢迎的 4 类鱼(红甲鱼、鲂鱼、唇指鲈和(澳洲)鲹)为研究对象,进行分类实验仿真。实验采用 Cyranose 320 电子鼻。Cyranose 320 是由美国 Cyrano Sciences 公司生产制造的手持式电子鼻,其实物图如图 6.10 所示。该电子鼻系统主要由传感器阵列和数据分析软件 2 部分组成,内置信号处理、数据分析和模式识别软件,方便用户操作。其基本技术是将 32 个特性不同的薄膜式炭黑聚合物复合材料化学电阻器配置成一个传感器阵列,然后通过分析传感器阵列对气味产生的响应(即传感器电阻的变化)并结合相应的模式识别算法来识别未知待测物。

图 6.10 Cyranose 320 电子鼻实物图

Cyranose 320 拥有良好的便携性,适用范围包括食品和饮料生产与保鲜过程的控制、环境保护、化学品分析与鉴定、疾病诊断与医药分析、工业生产过程控制以及消费品的监控与管理等。

（1）实验方案

使用 Cyranose 320 测量 4 类鱼分别被储藏 1、2、5、6、7、8、9、10 天所对应的同一样品，每个样品测量一次对应每个传感器平均采样 2000 个左右数据，获得大约 2,048,000（4（鱼）×8（天）×32（传感器）×2000（采样））个数据。对实验数据进行特征提取及人工神经网络（ANN）分析处理，得到传感器对每种鱼每天的响应模式，进而估计鱼的新鲜度。

（2）样品取样

常用的取样方法有顶空采样法、扩散采样法、渗透采样法、起泡式采样法和采样袋方法。顶空采样法是一种测量置于密封容器中样本上方气体的取样方法，通过样品基质上方气体的成分来测定这些组分在原样品中的含量。其最大优点在于能真实地反映样本的气相组成，从而能真正揭示人们所嗅到的气味的本质。扩散采样法是利用气体自然向四处传播的特性采集目标气体的一种采样方法。扩散法的一个优点是将气体样本直接引入传感器，而无需物理和化学变换，可以为传感器提供一种速度可控的稳定气流。渗透采样与扩散采样的原理和设备相似，不过渗透采样使用了渗透管，而扩散采样使用的是扩散管。

本实验是对鱼进行新鲜度的检测与识别，待检测的鱼样本不能有损坏，因此本实验采用顶空采样法。

（3）数据分析

① 运用 Excel 对数据进行预处理

运用 Excel 对数据进行预处理：一是对某类鱼的 32 个传感器每一天实验测量所得到的 2000 多个样本数据进行均值处理，得到每个传感器在某一天当中的均值响应。图 6.11 显示了传感器 1 对红甲鱼 666 个采样点形成的传感器响应图。二是对某类鱼 8 天的数据在经过第一步处理得到每个传感器的 8 个均值响应后，对相邻两天的均值相应计算绝对差值，得到 Cyranose 320 系统中 32 个传感器分别对这 4 类鱼所测数据的每两个序列日的气味响应谱，如图 6.12 所示。

② 传感器的选取

通过对传感器响应谱的分析，可以看出只有 3 个传感器对 4 类鱼的新鲜度显示出了很好的响应谱。在所有 32 个传感器中，传感器 3（S3）、4（S4）、6（S6）、23（S23）对鱼的新鲜度响应谱峰值最大，但 S23 对 4 类鱼的响应谱不稳定，因此，在数

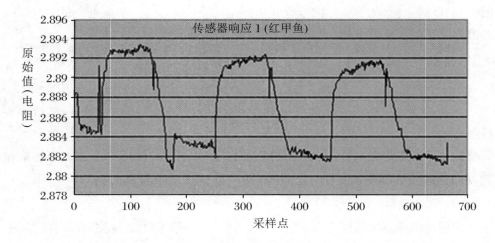

图 6.11　红甲鱼的传感器响应图

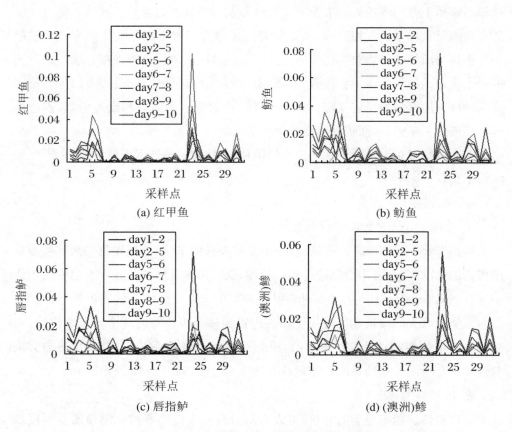

(a) 红甲鱼

(b) 鲂鱼

(c) 唇指鲈

(d) (澳洲)鲹

图 6.12　4 类鱼每 2 个序列日的气味响应谱

据分析中只选取了 3 个传感器 S3、S4、S6 的数据用于训练和测试。

③ 样本数据集的选取

结合图 6.12 并运用 MATLAB 进行简单分析,选取第 2(D2)、5(D5)、7(D7)、8(D8)这 4 天为最佳,再根据以上选取的 3 个传感器,在 4 类鱼每 1 天的 2000 多个数据所对应的传感器响应图中,我们选取 4 组(400 个/组)分别以上升沿为起点的数据,由此我们可以得到 192 个数据集形成 64(192÷3)个样本集。随机地抽取数据样本集中的一半(32 个)用于人工神经网络的训练,剩下的另一半则用于网络测试。

④ 特征提取

传感器与气体反应的原始数据的数据量非常大,直接采用原始数据进行识别是不可能的。为了减小神经网络的复杂性和提高数据分类效果,我们对上面取出的每一个数据集进行了同样的特征提取。对以上选取的每个数据集中的 400 个样本进行两类处理:一是进行数据压缩,采用每间隔 10 个取一个的原则,每个数据集可以得到 40 个数据样本;二是进行特征提取,对这 400 个数据样本分别运用 10 种特征提取技术,包括从 1997 个原始数据减去均值后依据上升沿原则所选的 400 个数据的中值(median)、最小值(min)、最大值(max)、标准偏差(std)、方差(var)、范围(range)、均值/中值绝对偏差(mad)和几何均值(geomean)以及与上述所选相对应的 400 个原始数据的标准偏差(std)和方差(var)。

MATLAB 神经网络工具箱中有很多类神经网络的介绍与应用,本文的分析基于 MATLAB 的 NN TOOLBOX 进行,BP 网络的网络结构只包含一个隐层,隐层的神经元数目取为 15 个,输出层的神经元数目取为 2 个。

(4) 实验结果

① 训练性能

4 类鱼分别对应 4 个网络 Net1、Net2、Net3 和 Net4 进行训练。为了避免权值初始化所产生的错误并使结果更一般化,采取以下 2 个措施:随机选取 32 个数据样本集作为训练样本集;对每个网络均连续训练 5 次,每次采用同样的训练参数。

② 测试结果

选取每类鱼 5 次训练中最好的一个网络进行测试,实验中分别为:红甲鱼选 Net1-5,鲂鱼选 Net2-5,唇指鲈选 Net3-1,(澳洲)鲹选 Net4-2。

将随机抽取 32 个用于训练后剩下的 32 个样本集用于测试。具体到每一类鱼的其中4天(Day2、5、7、8分别表示鱼储藏的第2、5、7、8天),测试的正确识别率如表6.2所示。

表6.2 Cyranose 320 对 4 种鱼的识别率

日期 鱼类	Day2	Day5	Day7	Day8
红甲鱼	91.67%	100%	91.67%	100%
鲂鱼	83.33%	91.67%	100%	100%
唇指鲈	83.33%	91.67%	91.67%	100%
(澳洲)鲹	91.67%	100%	91.67%	100%

利用电子鼻传感器阵列对气体的高维响应模式来实现对不同鱼类不同天内的定性识别和定量检测,可解决目前单个气体传感器选择性差的问题,研究基于人工神经网络的气味分析系统。运用巧妙的数据预处理技术并结合多种特征提取技术,对这4类鱼(红甲鱼、鲂鱼、唇指鲈和(澳洲)鲹)进行实验,得到了较好的正确识别率。

6.1.3 气味识别在环境领域的应用

2015年,国务院办公厅印发了《生态环境监测网络建设方案》,提出了"全面设点、全国联网、自动预警、依法追责"的总体任务。环境保护变得越来越重要,而环境监测是保护环境的基础工作和首要工作。环境监测技术能提供及时、有效和客观的环境状况评价,为环境保护工作提供科学依据和技术支持。环境监测技术已经成为现代社会一项不可或缺的科学技术。

根据监测对象的理化性质,环境监测可以分为大气质量监测、水环境监测、土壤环境监测、固体废弃物监测、环境生物监测、环境放射性监测和环境噪声监测等。其中,大气质量监测是环境监测的重要组成部分。现在的气体检测方法主要有2类:仪器分析法和嗅觉测量法。仪器分析法灵敏度和精度高、重复性好,但需要昂贵的仪器,通常只适用于实验室,同时分析周期较长。嗅觉测量法利用训练有素的嗅辨员对气体进行分析,在低浓度和有毒物质氛围下通常不适用,且嗅辨员不能长期连续工作,因此检测成本通常很高,嗅辨员的主观性也给测量结果带来了不可预测的误差。随着传感器技术和信号处理技术的发展,电子鼻技术提供了一种廉价、快速、便携的气体分析方法,在环境监测领域的研究也日益受到重视[18],尤其是在大气、水体和土壤质量持续在线监测方面,基于机器嗅觉的环境监测技术提供了一种合适的替代监测方法。

从实践角度出发,电子鼻在环境监测中的应用领域主要包括[19]:(1) 污染气体排放源的直接检测;(2) 用于确定大范围空气污染程度的室外空气质量监测;(3) 室内空气质量监测,包括住房、工作场所、车厢内及航天航空器内等;(4) 污水、受污染土壤及固体废物的顶空气体分析。

2. 基于机器嗅觉的恶臭污染自动连续监测技术

作为大气污染的一种形式,恶臭具有大气污染的一些特性,如以空气作为恶臭的传播介质、通过呼吸系统对人体产生影响等。同时,恶臭由很多人们不了解的有气味的化合物组成,即使在无法测量的浓度下也会令人不快,已成为世界上七大环境公害之一(大气污染、水质污染、土壤污染、噪声、振动、土地下沉、恶臭)[20]。

恶臭的监测是环境监测不容忽视的组成部分。20 世纪 80 年代以来,我国各级环保部门逐步重视恶臭污染的防治工作,一些环保科研单位、大专院校积极开展恶臭污染管理和防治技术的研究,在恶臭测试、仪器与设备、治理技术等方面都取得了长足的进展。环境监测技术和仪器是环境监测获得监测数据的重要手段和基础,在环境保护管理的整个实施过程中起着举足轻重的作用。电子鼻是恶臭自动连续监测的核心技术,可实现对恶臭气体的监测分析,其工作原理就是"嗅觉测定法"。以电子鼻技术为核心的恶臭自动连续监测技术在电子鼻普通研究的基础上集合了实时监测、实时采集、实时控制以及实时数据记录的功能,这必将解决恶臭污染监测中遇到的监测不及时、采样周期长、费用高的问题。因此开发一套完整的恶臭自动连续监测仪器对恶臭的防治工作有重要的实践意义。恶臭自动连续监测系统的功能结构示意图如图 6.13 所示。

使用阵列式传感器对某电子厂车间废气排行口的废气进行恶臭污染程度检测[21],实验采用顶空采样法,将废气收集到集气袋,然后把进样针头插入密封袋中,用 PEN3 电子鼻进行测定。电子鼻测定条件:采样时间间隔为 1 秒/组;传感器自清洗时间为 100 s;传感器归零时间为 10 s;样品准备时间为 3 s;进样流量为 300 mL/min;试验分析测试时间为 60 s。

图 6.14(a)是电子鼻对该电子厂电镀车间废气的特征响应图,图 6.14(b)为工厂外空气的响应图。

通过图 6.14 可以清楚地看出 10 个传感器对不同环境的气体响应存在很大的

差别,其中 7 号和 9 号传感器针对恶臭气体响应明显。

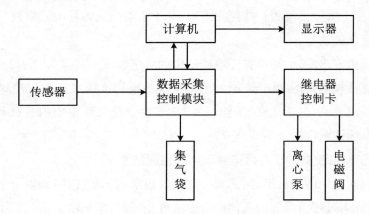

图 6.13　恶臭自动连续监测系统功能结构示意图

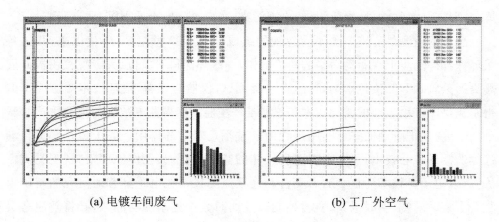

(a) 电镀车间废气　　　　　　　　　(b) 工厂外空气

图 6.14　传感器特征响应图

恶臭自动连续监测仪器实现了远程监控,管理人员可通过计算机对监测系统中的其他仪器进行实时监控。

连续监测技术的应用使我们可以在第一时间获得现场的环境污染数据,这样就最大限度地改变了现行环境监测技术监测结果滞后的不良局面,对于改善大气质量、提高居民生活水平有着重要的作用。

6.2　气味再现应用

人类通过感官系统来感知周围的环境并获取信息,这些信息大多来自我们的眼睛和耳朵。虚拟现实(virtual reality,VR)技术的产生丰富了我们在音频和视频上的享受。例如,远程视频通信使得异地交流更加便捷;通过网上旅游,在家就能领略自然界美丽的风景;视频会议更是拉近了与会人员的距离。但是,大多数的虚拟现实系统仅仅致力于视频和音频技术。三维图像、3D 电影提高了视觉对信息的获取,环绕声、立体声加强了听觉信息。与视觉、听觉相比,嗅觉往往被低估,与发展成熟的视频和音频技术相比,嗅觉显示技术尚处于初步阶段,难以得到人们的关注。有研究表明,相比于音频和视频,气味会更加吸引人,且人对气味的记忆保持时间会更长。在实现音频和视频远程传输后,人们更加渴望实现气味的远程传输和复现。正鉴于此,既能提供气味采集和气味传输,又能"打印"气味的机器嗅觉气味复现系统开发就提上了日程。气味复现系统的出现将给众多领域和行业带来新的生命力,如带有嗅频信息的网站,可以实现气味的上传和下载;在电子商务和交互式游戏领域,气味复现仪将带来全新的购物和游戏体验;在电影、音乐和通信上,音频、视频和嗅频三者相结合的全新视听嗅觉盛宴,让使用者可以从中获得难忘的体验;在医疗领域更可以使用气味作为某些疾病的辅助治疗手段。

通过第 5 章,我们了解到气味播放与气味复现的区别。目前,气味再现应用还停留在气味播放的阶段,只能通过事先预制好的气味实现气味再现,但其种类有限,无法满足人类感官需求。作者所在的研究团队致力于研究气味复现,实时采集物质气味信息,在终端复现现场完成相匹配气味的调制并释放。

6.2.1　气味播放在电子商务中的应用

随着快递物流设施的进一步完善和产业互联网时代的到来,我国 2015 年电子商务交易额达 18.3 万亿元,同比增长 36.5%,增幅上升 5.1 个百分点。电子商务已成为我国重要的社会经济形式和流通方式,在国民经济和社会发展中发挥着日益重要的作用。

网上购物是电子商务最常见的形式。相比于传统的实体店购物,网上购物更加便捷,节省了时间成本,但是网络购物只能通过图片、文字和视频来了解产品,体验不到产品的真实存在感,因此其虚拟化的特征,或多或少让消费者购买产品时有着这样那样的担心,加上一些不法商家伪造好评和店铺信誉,使消费者更难分辨产品质量的好与坏,左右为难。例如,在网上购买香水或香薰等含有个性化气味的产品时,只能通过文字或者图片信息了解产品的基本信息,而对于这类产品最重要的气味信息消费者无法体验,与实体店相比,缺乏真实的体验感。事实上人们对气味的敏感程度仅次于视觉,排在听觉之前。正如国际著名品牌营销专家马丁·林斯特龙(Martin Lindstrom)在他的《感官品牌》里说的那样,在这个遍地都是视觉冲击的世界里,视觉和语言的力量显得越来越弱。相反,气味的作用则被凸显出来。好闻的气味常常与人们的某种美好记忆联系在一起,例如闻到青草的香味就会想起户外的片片绿地,心情会自然地放松和愉悦;闻到香甜浓郁的面包香味时,就会联想到面包店里松软可口的面包。愉悦的气味对做出购物决定是十分有利的,甚至可以说气味能决定购买行为。

图 6.15 是气味购物模型,该系统通过气味采集模块采集商品的气味信息,把气味信息加入到商品的属性中,通过互联网传输该气味信息;在系统终端有一个气味打印机,气味打印机接收互联网传输过来的气味嗅频信息,并将该嗅频信息解析,合成散发对应的气味信息。通过该系统可以把商品气味从商家店铺传输到消费者端,让千里之外的消费者体验到商品的真实气味信息从而更加彻底地了解商品,这将大大提高网上购物的真实感与便捷性,更能打动消费者。

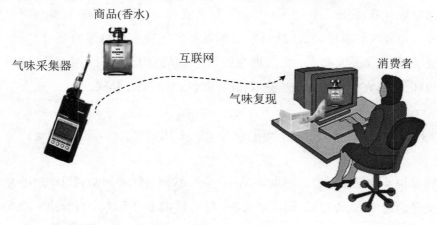

图 6.15　气味购物模型

6.2.2　气味播放在多媒体领域的应用

虽然人类通过 5 种感官(即视觉、听觉、嗅觉、味觉和触觉)感知外界信息,但目前在多媒体领域大多数的技术或产品只涉及音频和视频,而对于嗅觉或气味信息,由于嗅觉在数字化的研究上还不够深入,现有的技术或者产品很少涉及。随着市场的迫切需求和对气味研究的深入,特别是人工气味配比技术的成熟,一些能再现气味的气味播放仪器开始出现,并与其他设备相结合,开始在多媒体领域得到应用。含有嗅频信息的更高维度的多媒体技术让体验者不仅能听到声音、看到视频内容,还能闻到视频场景里的气味信息,享受一场听觉、视觉和嗅觉的饕餮大餐。

1. 气味播放在 VR 上的应用

随着 VR 设备的快速发展,人们已不再满足于只享受听觉和视觉盛宴,迫切希望能够有携带气味信息的 VR 产品。Feel Real 是一款能够散发与视频信息同步气味的 VR 面罩,其结构如图 6.16 所示。

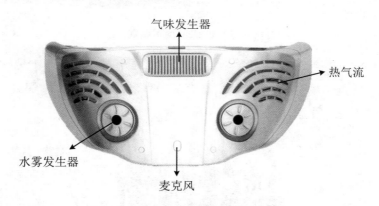

气味发生器

热气流

水雾发生器

麦克风

图 6.16　Feel Real 面罩结构图

Feel Real 在现有的 VR 设备上增加了另外 2 个维度——嗅觉和触觉。Feel Real 面罩由气味发生器、水雾发生器、麦克风和 2 个能产生热风的出风口组成。当 Feel Real 与 VR 面具连接时,如图 6.17 所示,使用者可以沉浸在虚拟世界里面。

随着 VR 设备播放影视内容的变化,Feel Real 面罩的气味发生器将产生相应的气味且随时变化,产生的气味通过出风口散发出来,同时水雾发生器和热气流也能做出相应的响应,使用者能够实时感受到来自视频里的花香和大自然的风、热及水雾。例如,在观看战争游戏中的开枪画面时可闻到火药味;在茂密的树林中可闻到花草的味道;在观看有关瀑布的视频时能感受扑面而来的水雾和清新的空气。因能够同时刺激观看者的嗅觉、视觉和听觉,使用 Feel Real 增强了临场感,最大限度地提高了虚拟现实的效果。

图 6.17　Feel Real 面罩佩戴效果

　　Feel Real 的气味发生器包含 7 个气味墨盒,每个墨盒包含有 1 种气味。Feel Real 提供 7 种基本场景的气味,分别是森林、燃烧橡胶、花、海洋、烟火、火药和催情剂的气味。气味墨盒的结构如图 6.18 所示。

图 6.18　Feel Real 的气味墨盒

除了这 7 种基本的气味外，Feel Real 团队已经预先制作了另外 8 种在电影、游戏里高频率出现的气味，如图 6.19 所示，包含烤肉、饼干等气味，也支持用户定制自己喜欢的气味。这些气味墨盒可以根据游戏内容或电影场景的不同而重新组合。

下雨　　　　　烤肉　　　　　皮革

田园　　　　　草莓　　　　　干草

肉桂　　　　　饼干　　　　用户定制

图 6.19　Feel Real 扩展气味墨盒

2. 气味播放在游戏交互中的应用

游戏体验是评价一款游戏好坏的重要指标。当前，为了增加游戏体验的效果，游戏开发者和游戏设备制造商都在不断地推出新产品来改善用户的体验。例如，在游戏辅助设备上，市场上有各式各样的游戏鼠标、游戏键盘和游戏耳机；在游戏内容上，高清晰度的画面、绚丽的动画效果以及高保真的声音更加受游戏玩家的青睐。但是，目前增加游戏体验的方式都是通过增强画面和声音，也就是说只涉及人类的视觉和听觉，如果把嗅觉体验加入到游戏当中，游戏玩家不仅能享受画面和声音的刺激,还能感受到逼真的气味,必将极大地丰富游戏体验,给游戏行业带来新的生命力。

在日本,东京大学的研究者开发了一款模拟烹饪游戏,它的特殊在于这是一款能散发气味的游戏[22]。如图6.20所示,这款游戏让用户扮演厨师的角色,利用游戏提供的食物材料来烹饪一道美味佳肴。

图6.20　烹饪游戏界面

游戏提供的食物材料包括黄油、大蒜、洋葱、胡萝卜、牛肉、纯净水、红酒和调料等。在游戏开始时,用户依次点击所需食材,把它们放入锅内,用户每加入一种食物材料,都将依次产生相应的气味。例如,当加入洋葱时,用户就可以体验到洋葱的气味,并与已经在锅里烹饪的食物材料气味相混合;当加入黄油时,不仅能听到油在锅里受热时的声音,还能看到慢慢升起的油烟和闻到黄油因受热而产生的气味。同时,气味的浓度与加入材料的量成比例关系,例如随着用户加入大蒜数量的增加,大蒜的气味也会加强。最后产生出一道独特的色香味俱全的佳肴。

通过这款烹饪游戏,消费者不仅可以体验游戏带来的听觉、视觉的刺激与享受,还能体验到游戏所包含的气味。图像、声音和气味三者结合应用到游戏之中,带给游戏玩家一种立体、全方位的沉浸式体验。未来,包含更高维度信息的游戏将更受消费者青睐。

图 6.21　仿生气味发生器

6.2.3　气味播放在健康保健和医疗领域的应用

在中国古代,焚香不仅是敬神礼佛的一种仪式,也是人们用来抑制霉菌、驱疫避秽的一种方式。从中医药的角度来说,焚香属外治法中的"气味疗法"。焚香所用的香料大多萃取于天然的草本植物,通过燃烧香料而散发出气味,可起到免疫避邪、杀菌消毒、醒神益智、养生保健的功效。气味疗法更广泛地应用于治疗某些疾病。例如,使用气味疗法治疗鼻炎等呼吸道疾病,将药物放入熏蒸仪器内,患者深吸药物蒸气,使药液蒸气进入呼吸系统内,经过多次治疗使患者的病情得到好转[23]。

在现代,英国有研究表明,车内的气味会对驾驶员产生一定的影响[24]。若汽车内含薄荷、咖啡等气味,这些气味具有清凉提神的功效,在行驶过程中能提高驾驶员的注意力;若汽车内含有较多的玫瑰、薰衣草等有镇静作用的气味时,驾驶员处于过度放松的状态,警惕性和注意力降低,反而会增加交通事故的概率。因此,有人预测未来的车辆可能会带有智能控制系统,系统可以根据驾驶员的心情和状态,自动调节汽车内的温度、灯光甚至是气味,当检测到驾驶员处于疲劳状态时,车内自动释放令人清醒的气味。在俄罗斯,研究者们发现某些气味能抑制食欲,从而有"闻香减肥"的功效[25]。这些气味包括薄荷味、大蒜味和香蕉味。其中香蕉气味香甜,容易使大脑产生一种饱足感,减少蛋糕、糖果等甜味食物的摄入量,从而控制饮食量达到减肥的目的。

外界环境中气味的状况不仅与人的健康息息相关,还与人的情绪相联。随着研究的深入,人们发现气味与记忆也存在一定的关系。在英国,一名 32 岁的女子阿曼达·理查德因一场交通事故脑部受到重创,苏醒之后她丧失了近几年的记忆,只剩下童年的部分回忆。虽然她无法辨认出自己的亲朋好友,但是当她的母亲探望她时,她却能立刻认出她的母亲,因为母亲身上喷洒的还是以前的香水。当阿曼达·理查德闻到这一气味时,她问道:"你是我的妈妈吗?"[26]

1. 气味手机

西门子公司提出了一款气味手机,如图 6.22 所示,它可以判断出手机用户周围的环境是否正常,如果空气质量过差,它会主动向用户报警。开发人员预计,这种手机会受到环保人士的欢迎。目前,该款手机尚处在开发阶段。据西门子公司预计,该款手机有可能在未来 2 年内上市,其价格应该与当前的普通手机相当。

图 6.22 气味手机

2. 失忆症的气味疗法

人类通过视觉、听觉、触觉、嗅觉和味觉来感知外界的事物。这 5 种感官在学习效率上是不同的,视觉占据 85%,听觉 10%,触觉 3%,嗅觉和味觉都为 1%。这导致人们通常忽略了嗅觉的重要性。但是当你突然闻到一股青草、油墨的气味时，脑海里会呈现出一片生动的记忆，闻到浓浓的咖啡香气时，一杯热气腾腾的咖啡的画面油然而生，一股气味会带来大量的记忆。通过这些例子，我们不禁要问：嗅觉和记忆是什么关系呢？

嗅觉是 5 种感官中唯一不经过"中途站"，直接与杏仁核相连的感官。杏仁核的传入纤维来自嗅球及前嗅核，经外侧嗅纹终止于皮质内侧核。杏仁核是产生情绪、识别情绪和调节情绪，控制学习和记忆的脑部组织。因此，嗅觉系统不仅仅只单纯在嗅觉方面发挥作用，还对人的情绪、记忆和血压等有很大的影响。愉悦的气味（花香、薄荷等气味）能激发人产生愉快的情绪，刺激思维增进记忆，相反，厌恶的气味（臭鸡蛋、下水道等气味）则压抑心情、抑制记忆，甚至损伤记忆力。

治疗因脑外伤引发的失忆症一直是医疗界的一个难题，目前并无专门针对失忆症治疗的方法，主要还是针对脑外伤。患者经过治疗后，虽然脑外伤得到了康复，但是随之而来的失忆症却带来了更大的痛苦。部分患者出现局部性失忆或全盘性失忆，完全遗忘受伤前的记忆，对新的事物也不能够留存完整正确的记忆，言语表达困难，对抽象事物的理解有障碍。这不仅给患者本人带来了巨大的痛苦，也给家属造成了极大的冲击和负担。

在法国上塞纳省卡尔什市医院的嗅觉治疗实验室，实验人员运用气味疗法成功帮助失忆患者唤醒了沉睡的记忆[27]。

实验人员对患者进行治疗前需要对患者受伤前的生活环境、工作环境进行调查，特别是对患者受伤前有重大意义的事情、地点或者人物进行记录。例如，实验人员需要记录患者受伤前喜欢哪种类型的花香；喜欢吃什么食物以及食物的气味；甚至还需要记录与患者亲近的人用什么味道的香水。从这些调查记录中分析出对患者有重要意义的气味，这些气味信息能联系到患者的某些回忆，从而选择对的气味进行辅助治疗。该嗅觉治疗实验所提供的气味样本包含花香、糖果、煤气味等237 种气味样本。这些气味样本由世界著名的、专业从事香味研究和制造的 IFF 集团配置，每种气味样本由不同的试剂配比出来。在进行辅助治疗时，研究人员拿出特定气味样本试纸让患者感受，营造过去出现此气味的场景，并给予患者提示信息。一名 29 岁的男性患者，在医院接受气味疗法一段时间后，根据医生的提示和气味样本的配合，开始慢慢记起他过去经历此情此景的事，并在发音矫正医生的帮助下开口说话，在一定程度上恢复了记忆。该医院的另一名 18 岁患者，在气味疗法的治疗下也逐渐恢复了记忆。

6.2.4 气味复现在虚拟体验中的应用

目前市面上推广、普及的 VR 设备主要提供视觉方面的虚拟现实体验。马来西亚 The Imagineering Institute 的研究人员展示了一种全新技术，能够为用户提供虚拟的嗅觉体验。该团队将其称为"数字气味界面"（digital smell interface），即通过电流刺激鼻子深处的气味受体神经提供虚拟嗅觉体验。在这里，所谓的气味更像是一个信号或数字文件，甚至可以通过互联网传输，就像今天的视觉和听觉信息一样。基于这种技术，理论上几乎任何气味都可以被复制然后被传播并感知。

研究人员对 31 名受试者进行了实验，他们在所有志愿者的鼻子里放置了一些特制的电极，如图 6.23 所示，这些电极将微弱的电流传输到鼻孔上方的神经元中，神经元向大脑发出冲动，从而产生嗅觉。其中气味信息可通过数字文件的形式在互联网上进行传播。通过电脉冲，研究人员能够让受试者闻到 10 种不同气味的虚拟娱乐物，包括水果味、木质味和薄荷味。不过这一项目暂时不具备商用价值。

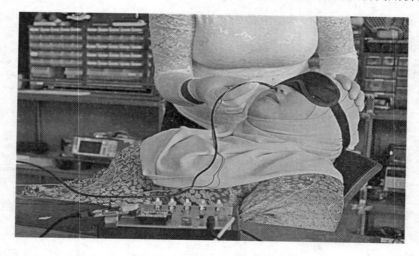

图 6.23 虚拟的嗅觉体验

据其中一位科学家 Adrian Cheok 说，这项技术最终可以用来实现互联网上的气味传输，并且可用更安全轻便的东西来代替电极，毕竟，不会有太多的消费者愿意每次在视频聊天时都把电极放在鼻子里[28]。

6.3　机器嗅觉系统展望

机器嗅觉系统具有响应时间短、检测速度快、样品预处理简便、测定评估范围广等优点，其对气味的客观评估弥补了人类感官描述的模糊性、主观性和不精确性，以及气相色谱法的繁杂性等缺点。通过电子鼻实现了气味的客观表达，使气味成为可以量化的指标。但是机器嗅觉系统目前仍存在一些问题，还有许多方面有待改善。

目前机器嗅觉传感器阵列专属性及稳定性差，易受环境因素（如湿度、温度、振动等）影响；传感器易于过载或中毒，与干扰气体发生反应，影响检测结果。而有关传感器与被测样品中气味物质之间的相互作用机制以及传感器响应值变化的内在物质基础的研究不够深入，这是影响机器嗅觉适用范围的主要原因之一。如何增强传感器的灵敏度、减小漂移影响、避免传感器中毒和获得理想的重复性是决定电子鼻应用前景的重要条件。生物传感器能把各种被检测到的生物医学中的非电量生物物质转换为易测量的电信号，相比于目前的电化学传感器，生物传感器具有更高的灵敏度、更好的选择性，且响应快、成本低，未来生物传感器在机器嗅觉系统中将发挥越来越大的作用。

数据融合也是未来机器嗅觉传感器发展的一个方向，多传感器数据技术能够充分发挥各个传感器的特长，利用多种传感器的互补性、冗余性提高测量的精度和准确性。例如，通过电子鼻与电子舌的联用来检测羊肉的品质[29]。

由于传感器和判别算法的特异性及算法受实验数据影响，目前尚未形成一种可普遍适用于各种样品和环境的电子鼻检测方法。甚至对于同一种样品，不同类型的电子鼻仪器需要采用不同的识别方法来检测，这在很大程度上限制了电子鼻的推广应用。寻找一种稳定且适用性更广泛的智能模式识别方法，能够进行自适应、自学习和多维检测，也是电子鼻研究的当务之急。

通过音频和视频理论，实现了声音和图像信息的通用性表达，采用音视频技术，实现了声音、图像的本地采集、远距离传输和终端复现。相较于图像和声音信号的网络化传输及终端复现设备的深入研究与快速发展，物质气味信息网络化传输及终端复现的研究却滞后很多，有更大的发展空间。

伴随着这些问题的解决和技术的成熟,机器嗅觉系统尤其是气味复现技术将应用到更多领域,得到更加广泛、全面的应用。

6.3.1 机器嗅觉在医疗领域的展望

传统方式的医学检查是从人体中抽取出一些液体进行化验,化验周期长。未来机器嗅觉系统可以非侵入性地做远程医学诊断,直接使用气味采集装置远距离对患者呼出的气体进行检测和分析,通过网络传输到世界各地的医院,让专家进行相应的分析和诊断,这样可以有效提升医疗资源利用率和疾病诊断效率。基于机器嗅觉的远程医疗系统作为一种无创、快速的诊断技术在临床诊断与应用研究方面有着广阔的前景。

美国的 Menssana Research 公司就提出了 BreathLink 的概念,并在此基础上发展出一套远程呼吸采样诊断的工作模式。BreathLink 的设计框架如图6.24所示。

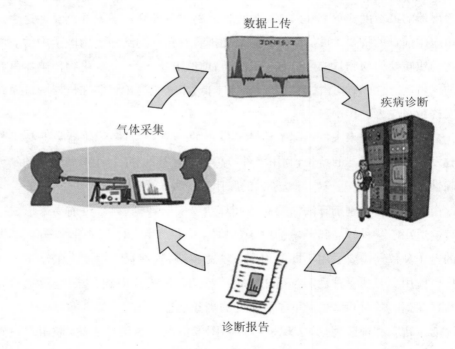

图 6.24 BreathLink 的设计框架

其具体实施方式如下:在世界各地的医疗机构安置一套呼吸气体分析装置,包括呼吸气体采集装置、呼吸气体预富集装置和气体分析仪器 Breath Scanner,对受试者的呼吸样本进行检测得到相应的呼吸检测数据。然后通过互联网,将所得的呼吸检测数据及被试者的其他临床信息上传至服务器上进行分析和诊断。仅需约7 分钟的分析计算,现场采样点即可得到患者的诊断测试结果和治疗建议。

从患者角度来说,BreathLink 使得异地远程的呼吸诊断成为可能。而对于呼吸诊断研究人员,BreathLink 可以从多个样本采集地点得到更多临床呼吸样本数据,扩充了临床样本容量,使呼吸诊断结果在大数据分析的基础上更具可靠性。呼吸样本数字化和网络化传输不仅降低了检测成本,而且带来了便捷性。

最近的流行病学调查数据显示:在帕金森病确诊前的 2～7 年,嗅觉减退的情况就已存在。嗅觉评估为临床医生鉴别帕金森病及相关疾病提供了重要的参考信息。目前,嗅觉减退作为重要的支持诊断标准之一,已经写入最新的国际及中国的帕金森病诊断指南中。在未来,我们可以利用一整套完善的机器嗅觉系统去复现某些特定的气味,从而实现对患者的初步诊断,提高帕金森病临床诊断准确率,为帕金森病治疗取得先机。

机器嗅觉系统基于不同疾病带来的人体气味变化,在云端建立病变时的人体气味库,就可以直接通过人体气味进行病变诊断。毫无疑问,这将推动医疗事业发展,助力互联网时代智慧医疗的进步。

6.3.2　机器嗅觉在环境领域的展望

日常生活中,周围环境里总会存在一些有毒有害的气体,例如苯、甲醛等。未来我们可以凭借机器嗅觉技术实现环境的在线监测。相较于人工监测,机器嗅觉系统能长时间地工作数月甚至是数年,因此可以应用机器嗅觉系统实施对特定区域或工厂废气的监测,以数字化方式呈现监测结果。如果有需要,还可以把监测现场的气味传送到相应的环保部门,并在远端对采集现场的气味进行记录和打印,使得环境监测结果更加直观清晰明了。

采用无人机检测环境质量是未来环境检测的新方式。例如,在爆炸现场通常会出现一些有毒有害的气体,检测现场的空气质量非常重要,人工亲临现场检测可能会对检测人员的健康造成一定的影响。将搭载了机器嗅觉系统的无人机应用到危险环境的检测中,如图 6.25 所示,在保证检测人员人身安全的同时,又能精确地检测爆炸现场的环境状况,有效提升对突发事件的应急控制。

图 6.25　无人机检测环境质量

6.3.3　机器嗅觉在多媒体领域的展望

随着机器嗅觉的进一步深入研究和仪器的小型化,机器嗅觉系统的准确性和实用性会大幅提升,未来可在多媒体技术领域大放异彩。实现多媒体仪器对气味的支持,制造出能传输和实时复现气味的电视机不再是梦想,在播放声音和图像的同时复现气味,实现真正的身临其境;在手机、平板电脑等便携式通信设备中加入气味采集和气味复现装置,拍摄带有气味的图像或视频分享给朋友亲人,让他们也能立体地感受图片和气味的冲击;点击鼠标就能实现气味的上传和下载,让嗅觉信息轻松上网,实现嗅觉信息网络化;在家居生活方面,加入气味复现系统的智能家居可以通过释放特定气味来调节住户的情绪;在电子游戏中,加入嗅觉信息的游戏内容将打破单调的听觉或者视觉体验,让消费者从视觉、听觉和嗅觉三方面立体地体验游戏中所发生的一切,大幅增加游戏的趣味性;在幼儿识字和识物教育中,带有气味信息的学习内容或者学习工具会让他们觉得学习更加生动,更加有趣,记忆也会更加深刻,例如上课看植物图鉴时,相应释放气味信息,可以提高学习效率和对物体的辨识度。

6.4　总　　结

机器嗅觉作为一种新兴的技术,通过近几十年的发展,已取得众多突破,相信随着传感器技术的发展和智能算法的进步,机器嗅觉的应用将会更加广泛。

对于气味复现而言,嗅频在一定程度上是对音频和视频的必要补充。在目前的技术条件下,气味复现系统存在着设备体积大、复现精度和复现准确度低等不足和缺陷,特别是在气味配比上,如何配比出和原物质一样或相似的气味是难点。在图像领域,通过三原色就可以合成和复制出所有的颜色,但是气味信息却很复杂,目前的气味打印仪器只能"打印"少数气味,还未能实现自然界所有气味的打印。所以找出气味的基成分,通过基成分合成更多的气味,减小气味复现仪器的体积是将来的研究重点。

随着相应精密仪器的研制、气味配比理论的完善和计算机控制技术的发展,嗅频一定会如同今天的音频和视频一样,广泛地应用到生产生活的方方面面,为大众所接受。正如视频把我们的视觉延伸至千里之外的美好瞬间,音频把我们的听觉延伸至各种美妙的频率,嗅频也必将延伸我们的嗅觉。

参 考 文 献

[1] Wilson A D, Baietto M. Applications and Advances in Electronic-nose Technologies[J]. Sensors, 2009, 9(7): 5099 - 5148.

[2] Peris M, Escuder-Gilabert L. A 21st Century Technique for Food Control: Electronic noses[J]. Anal. Chim. Acta, 2009(638): 1 - 15.

[3] Dentoni L, Capelli L, Sironi S, et al. Development of an Electronic Nose for Environmental Odour Monitoring[J]. Sensors, 2012(12): 14363 - 14381.

[4] 정의석, 임문혁, 김진완, et al. Development of Odor Monitoring System of Siheung City Using the Smartphone Application[J]. 한국냄새환경학회, 2012.

[5] Zheng Z, Lin X. Study on Application of Medical Diagnosis by Electronic Nose[J]. World Science and Technology, 2012, 14(6): 2115 - 2119.

［6］D'Amico A，Pennazza G，Santonico M，et al. An Investigation on Electronic Nose Diagnosis of Lung Cancer［J］. Lung Cancer，2010，68（2）：170 – 176.

［7］Altorki P. Prediction of Lung Cancer Using Volatile Biomarkers in Breath ［J］. Cancer Biomarkers，2007（3）：95 – 109.

［8］Phillips M，Herrera J，Krishnan S，et al. Variation in Volatile Organic Compounds in the Breath of Normal Humans［J］.J. Chromatogr. B：Biomed. Sci. Appl.，1999，729（1 – 2）：75 – 88.

［9］郑彦云. 挥发性有机物（VOCs）与处理技术分析［J］. 工程技术（文摘版），2016（10）：00268.

［10］应红梅，朱丽波，徐能斌. 空气中挥发性有机物（VOCs）的监测方法研究［J］. 中国环境监测，2003，19（004）：24 – 29.

［11］Cao W，Duan Y. Current Status of Methods and Techniques for Breath Analysis［J］. Crit. Rev. Anal. Chem.，2007，37（1）：3 – 13.

［12］Deykin A，Massaro A，Drazen J，et al. Exhaled Nitric Oxide as a Diagnostic Test for Asthma：Online Versus Offline Techniques and Effect of Flow Rate［J］. Amer. J. Respir. Crit. Care Med.，2002，165（12）：1597 – 1601.

［13］Phillips M，Sabas M，Greenberg J. Increased Pentane and Carbon Disulfide in the Breath of Patients with Schizophrenia［J］.J. Clin. Pathol.，1993，46（9）：861 – 864.

［14］Deng C，Zhang J，Yu X，et al. Determination of Acetone in Human Breath by Gas Chromatography-mass Spectrometry and Solid-phase Microextraction with On-fiber Derivatization［J］. J. Chromatogr. B，2004，810（2）：269 – 275.

［15］Davies S，Spanel P，Smith D. Quantitative Analysis of Ammonia on the Breath of Patients in End-stage Renal Failure［J］. Kidney Int.，1997，52（1）：223 – 228.

［16］Musatov V Y，Sysoev V，Sommerm V，et al. Assessment of Meat Freshness with Metal Oxide Sensor Microarray Electronic Nose：A practical approach［J］. Sensors and Actuators B：Chemical，2010，144（1）：99 – 103.

［17］鲁小利，张秋菊，蔡小庆.实用仿生电子鼻在黄酒检测中的应用［J］.酿酒科

技,2014(3):53-55.

[18] 方向生,施汉昌,何苗,等.电子鼻在环境监测中的应用与进展[J].环境科学与技术,2011(10):112-117.

[19] 董士霞,耿奥博.电子鼻技术应用进展及在环境检测中的应用展望[J].山东化工,2020.

[20] 张丽荣.恶臭污染物治理技术进展[J].环境与发展,2019,31(04):27,29.

[21] 李扬,周传儒.关于电子厂无规则排放污染源恶臭检测分析:PEN3 电子鼻恶臭检测仪分析恶臭的试验报告[C]//恶臭污染防治研究进展:第四届全国恶臭污染测试与控制技术研讨会论文集.2012.

[22] Nakamoto T,Otaguro S,Kinoshita M,et al. Cooking Up an Interactive Olfactory Game Display[J]. IEEE Computer Graphics and Application,2018(11):75-78.

[23] 王强,张庆荣.中药气味疗法治疗几种呼吸道疾病临床举隅[J].中医外治杂志,2008,17(001):56.

[24] 张伟.气味也会影响驾驶安全[EB/OL].(2005-06-07).http://news.sina.com.cn/w/2005-06-05/13576085972s.shtml.

[25] 39 健康网.气味减肥法:这些气味闻闻就能瘦[EB/OL].(2015-12-01).http://fitness.39.net/a/151201/4735071.html.

[26] 天朗.英 32 岁失忆女"永远 16 岁"[N].羊城晚报,2011-6-11.

[27] 佚名.法国科学家用气味帮助患者找回失去的记忆[J].国外科技动态,2004.

[28] 电子发烧友网.马来西亚研究员用医疗电子打造虚拟嗅觉[EB/OL].(2018-10-22).www.elecfans.com/xinkeji/801656.html.

[29] 田晓静.基于电子鼻和电子舌的羊肉品质检测[D].杭州:浙江大学,2014.